ブックレット〈書物をひらく〉7

和算への誘《いざな》い

数学を楽しんだ江戸時代

上野健爾

平凡社

和算への誘い――数学を楽しんだ江戸時代［目次］

はじめに

和算は江戸時代に花開いた日本独特の数学である。それは二つの側面を持っていた。一つは、和算が受け継いだのは中国の伝統数学であったが、和算はその内容を単に受け継いだだけでなく、それを真に凌駕し、発展させていった点である。和算の成果の一部は、同時代のヨーロッパの数学よりも進んでいた。

しかし、和算の持つもう一つの側面は世界の文化史上例を見ないものであった。とりわけ、江戸時代後期になると、全国津々《つつ》浦々《うらうら》に和算の愛好家が輩出し、難しい問題を自ら作り、それを解くことに熱中した。難しい問題を解くことができたときは、それを記念して絵馬《えま》を作り、神社や寺院に奉納することが流行した。数学の問題を図とともに記し、その解き方も記した絵馬は算額《さんがく》と呼ばれる。算額は今日でも全国にたくさん残されている。

そのなかでも、文久元年（一八六一）岡山市惣爪八幡宮《そうづめはちまんぐう》に奉納された算額はとりわけ興味深い（図1）。この算額では問題を記すだけでなく、数学塾の塾生たちを描いている点で通常の算額と違っているが、数学塾のあり様を示している点でたいへん貴重なものである。とりわけ驚かされるのは、厳しく男女を分けてい

図１　数学塾の風景　岡山市惣爪八幡宮の算額、文久元年（1861）。

た江戸時代に、数学塾では男女が同席し、身分にも関わりなく、どうやらソロバンを前に皆が話をしているらしい点である。また、塾では歳に関係なく自由に話し合うことができた。私たちの江戸時代に対する見方を変えかねない不思議な算額である。

江戸時代は数学に限らず塾が盛んだった時代でもある。社会のなかでは士農工商と身分が分かれ、男女も厳しく分かたれていたが、塾のなかでは実力本位で、身分制度から自由になれる異質の空間が作られていた。そのことが江戸時代に民間の塾が繁栄した一因であった。

しかしそれにしても、今日の多くの人から見れば、数学に熱中する人がたくさんおり、おまけに女性もいるというのは不思議に違いない。なぜこのような文化が江戸時代に生まれたのか、今日では一部の専門家の学問としか見なすことのできない数学が、なぜ江戸時代には広く普及したのかをこれから考察していきたい。そして、明治時代に西洋の科学技術を比較的短期間に受け入れることができた背景には、江戸時代の和算の普及があったことも述べてみたい。

一▶和算が始まる前

江戸時代に和算が栄える前にも、日本では数学が使われていた。それは古代中国から輸入されたものであった。それがどのようなものであったかを簡単に述べておこう。

古代中国の数学書『九章算術』

中国では紀元前から数学が発達しており、最初の本格的な数学の教科書が紀元一世紀頃に『九章算術』としてまとめられた。『九章算術』はその名前の通り九つの章からなる数学書であった。その第八章は「方程」と名づけられている。今日私たちが使う「方程式」はこの章の名前に由来する。この中国の数学は同時代の他の文明の数学に比してたいへん進んでいた。特に、鶴亀算などを未知数xやyを使って解くときに使う連立一次方程式に関しては『九章算術』はたいへん進んだ取り扱いをしていた（今日の中学・高校での取り扱い方より進んだ面さえもっていた）。また、正の数だけでなく負の数も扱うことができた点では、当時の世界では一番進んでいた。

『九章算術』は問題集であり、問題と答え、そして解き方が記されていた。たとえば、第一章「方田」の五番目と六番目の問題は、いわゆる約分の問題であり、次のように記されている。


今有十八分之十二。問約之得幾何。答曰、三分之二。

又有九十一分之四十九。問約之得幾何。答曰、十三分之七。

術曰、可半者半之、不可半者、副置分母子之数、以少減多、更相減損、求其等也。

以等数約之。

（今、十八分の十二有り。これを約《つづ》めて幾何《いくばく》を得るぞと問う。答えて曰く、三分の二。

又、九十一分の四十九有り。これを約めて幾何を得るぞと問う。答えて曰く、十三分の七。

術に曰く、半すべきはこれを半し、半すべからざるは分母子の数を副《そ》え置《お》きて、少を以て多を減じ、更に損を相減《あいげん》じて、其の等を求むるなり。等数を以てこれを約《つづ》む。）

「術に曰く」の……　例えば33と96の最大公約数を求めるために、大きい数96から33を引けるだけ引くと96-33-33=30となる。割り算で書き換えると96÷33=2あまり30. 次に33から30を引けるだけ引くと33-30=3となる。割り算で書くと33÷30=1あまり3. 次に30から3を10回引くと0となる。割り算で書くと30÷3=10. これより3が最大公約数であることが分かる。引き算で書くのが『九章算術』のやり方で、割り算を使うのはユークリッドの互除法であるが、実質は同じである。

「等数」は今日の最大公約数のことであり、「術に曰く」の最初の部分は、ユークリッドの互除法によって最大公約数を求める方法が述べられている。▲解き方としては、これで問題ないが、何故この方法によって最大公約数を得ることができるかの説明はない。問題を解くための手続きだけが記されていて、その理論的根拠は、先生に説明してもらうか、自分で見つけ納得するしかなかった。

古代の文化を重視する中国では、『九章算術』は数学書の記述の手本となった。明代に至るまで、中国の数学書はこの方式によって記され、理論の説明は通常記されることはなかった。この伝統は、江戸時代の日本の数学にも受け継がれた。この伝統に異を唱えたのは、後述するように関孝和《せきたかかず》であったが、彼も表面的には『九章算術』の記述方式を踏襲した。というより、一般論を述べる言葉や記号が未発達であったために、この方式を踏襲せざるを得なかった。

ところで、漢字で数字を書くと計算するのはたいへんである。そこで古代中国では、竹や象牙《ぞうげ》、ときには金属でできた算籌《さんちゅう》と呼ばれる棒を使って計算した（図2）。算籌は後に木で作られるようになり、算木《さんぎ》と呼ばれるようになった。占いの筮竹《ぜいちく》はこの算籌から分かれて発達したものである。正の数は赤い算木で、負の数は黒い算木を使って表した。赤字という今日のイメージから負の数は赤い算木で表したように思いがちであるが、赤が正の数を表す。赤の算木と黒の算木と一

図2　算籌（算木）による数字の表し方　4623を算木で表したもの。位取りをはっきりさせるために算木は縦と横に交互に置いていく。1の位は縦に10の位は横に置く。縦に置くときは横に1本算木を置くと5を表す。また、算木での数字の並べ方は1の位が一番右に来る。現在の算用数字による数の表記と同じである。

本ずつ対《つい》にして取り去ることによって、正の数と負の数の足し算は簡単に計算できた。もちろん、計算を必要とするのは、主として会計を担っていた人たちで、彼らは掛け算や割り算も必要とし、算籌を使って計算を行っていた。こうした計算ができる人たちは算師《さんし》と呼ばれるようになった。

古代日本の数学

『九章算術』やその後の進んだ数学の教科書は日本に輸入され、後に述べるように算博士の制度が導入された。当時の算博士が実際に数学の教科書をどれほど理解していたのかはよく分からない。しかし、算籌を使った計算はどうしても必要であり、計算を実際に行うことができる人が少数ながら存在した。また、それにともなって九九を学ぶこともある程度行われたようである。その名残《なごり》を『万葉集』に見ることができる。たとえば次の例は「十六社者」と記して「ししこそば」と読んでいる（図3）。

八隅知之　吾大王　高光　吾日乃皇子乃　馬並而　三猟立流　弱薦乎　猟路
乃小野爾　十六社者　伊波比拝目　鶉己曾　伊波比回礼　四時自物　伊波比
拝　鶉成　伊波比毛等保理　恐等　仕奉而　久堅乃　天見如久　真十鏡　仰

而雖見　春草之　益目頬四寸　吾於富吉美可聞
（『万葉集』巻三・二三九、雑歌 柿本人麻呂）
（やすみしし　わが大君《おほきみ》　高照らす　わが日の皇子《みこ》の　馬並《な》めて　み狩り立たせる　弱薦《わかこも》を　狩路《かりぢ》の小野に　獣《しし》こそば　い匍《は》ひ拝《をろが》め　鶉こそ　い匍《は》ひ廻《もと》ほれ　獣《しし》じもの　い匍《は》ひ拝《をろが》み　鶉なす　い匍《は》ひ廻《もと》ほり　畏《かしこ》みと　仕へまつりて　ひさかたの　天見るごとく　まそ鏡　仰ぎて見れど　春草の　いやめづらしき　我が大君かも）

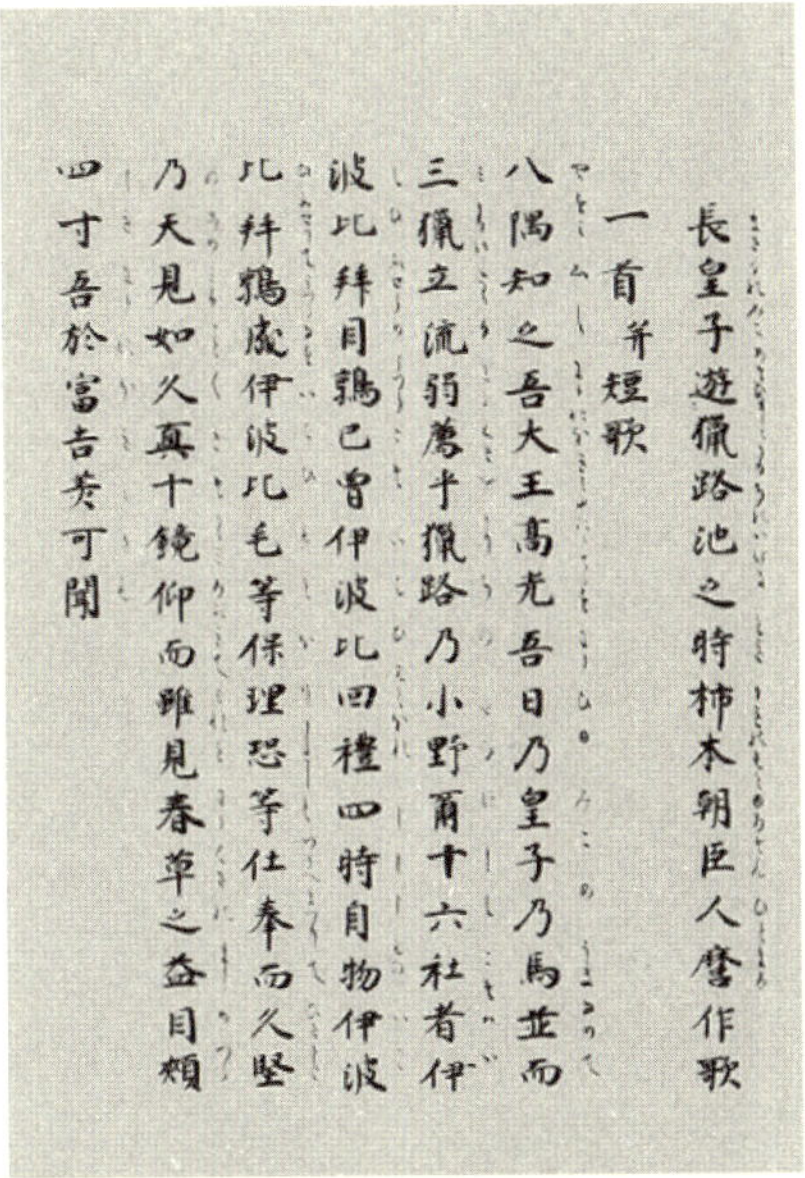
長皇子遊猟路池之時柿本朝臣人麿作歌
一首并短歌
八隅知之吾大王高光吾日乃皇子乃馬並而
三猟立流弱薦乎猟路乃小野爾十六社者伊
波比拜目鶉己曽伊波比回禮四時自物伊波
比拜鶉成伊波比毛等保理恐等仕奉而久堅
乃天見如久真十鏡仰而雖見春草之益目頬
四寸吾於富吉美可聞

図3　『万葉集』巻三、雑歌 柿本人麻呂

また、「八十一」を「くく」と読む例もある。

情八十一　所念可聞　春霞　軽引時二　事之通者
（巻四・七八九、相聞 大伴家持の藤原久須麻呂への贈答歌）
（心ぐく　思ほゆるかも　春霞　たなびく時に　言の通へば）

また「二五」を「とを」、「二二」や「二々」や「重二」を「し」、「三五」を三五十五から「もち」と読む例

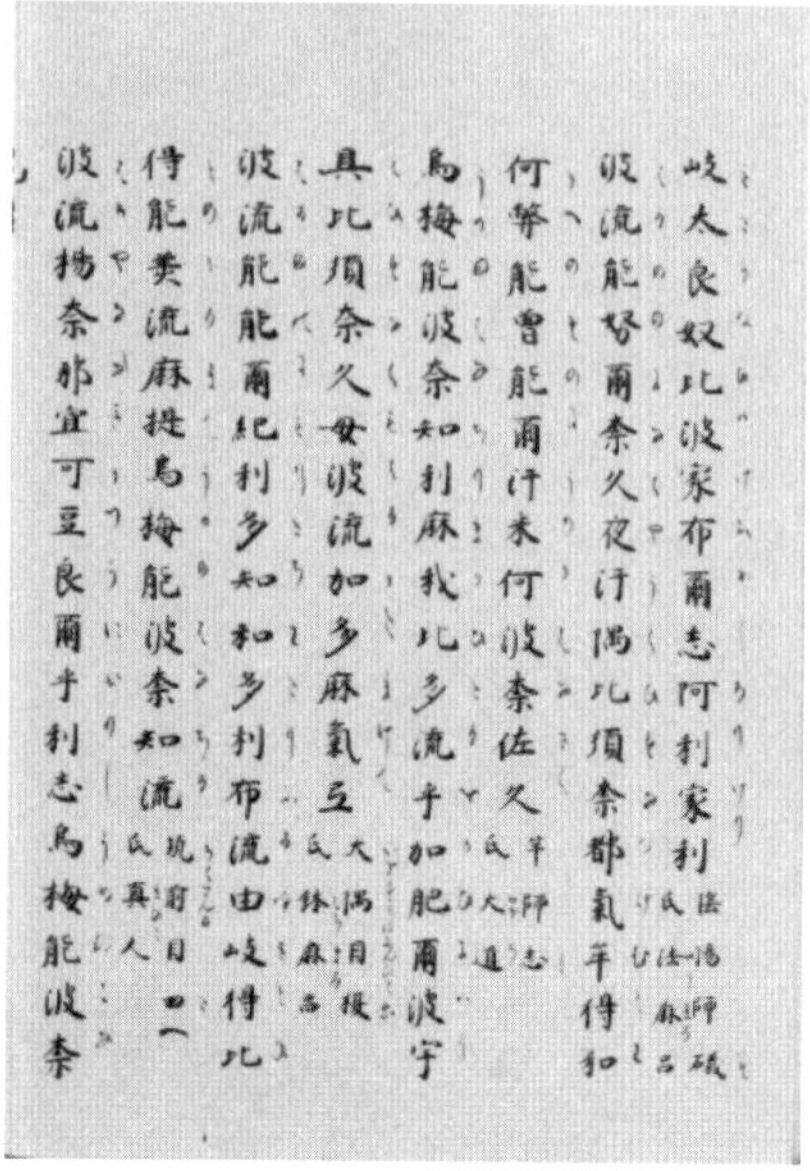

図4　『万葉集』巻五　3行目の歌の末尾に「算師志氏大道」と記されている。

などが知られている。もちろん、こうした例から九九が広く普及していたと結論づけることはできない。「二二が四」、「二五十」、「三五十五」、「四四十六」や「九九八十一」といった、特に覚えやすい例だけが比較的広く知られていたと考える方が合理的であろう。

『万葉集』巻五に、天平二年（七三〇）、大宰権帥《だざいのごんのそち》であった大伴旅人の館で花見の宴が催され、そこで詠まれた梅花歌卅二首の中の歌

波流能努爾　奈久夜汗隅比須　奈都気牟得　和何弊能曾能爾　汗米何波奈佐久
（巻五・八三七）

（春の野に　鳴くやうぐひす　馴付けむと　我が家の園に　梅が花咲く）

の作者は「算師志氏大道《しじのおほみち》」と記されている（図4）。志氏大道は暦算家の志紀大《しきのおお》道《みち》のこととされている。

算博士

中国の制度をまねて律令制が日本で導入されると、大学寮の制度も取り入れられ、算博士二名と算生三十名を置くことが定められた（図5『令義解《りょうのぎげ》』▲参照）。算生は中国から輸入された数学書を学ぶ必要があった。そのなかには、『綴術《てつじゅつ》』▲とよばれる当時の最高峰の数学書も含まれている。

『令義解』 天長十年（八三三）に淳和《じゅんな》天皇の命により編纂された律令の解説書。

『綴術』 中国南北朝時代の数学者、天文学者、発明家であった祖沖之《そちゅうし》によって著された数学書。円周率の計算法が記されていたと推測されているが、内容が高度で理解できる人がいなくなり、失われた。

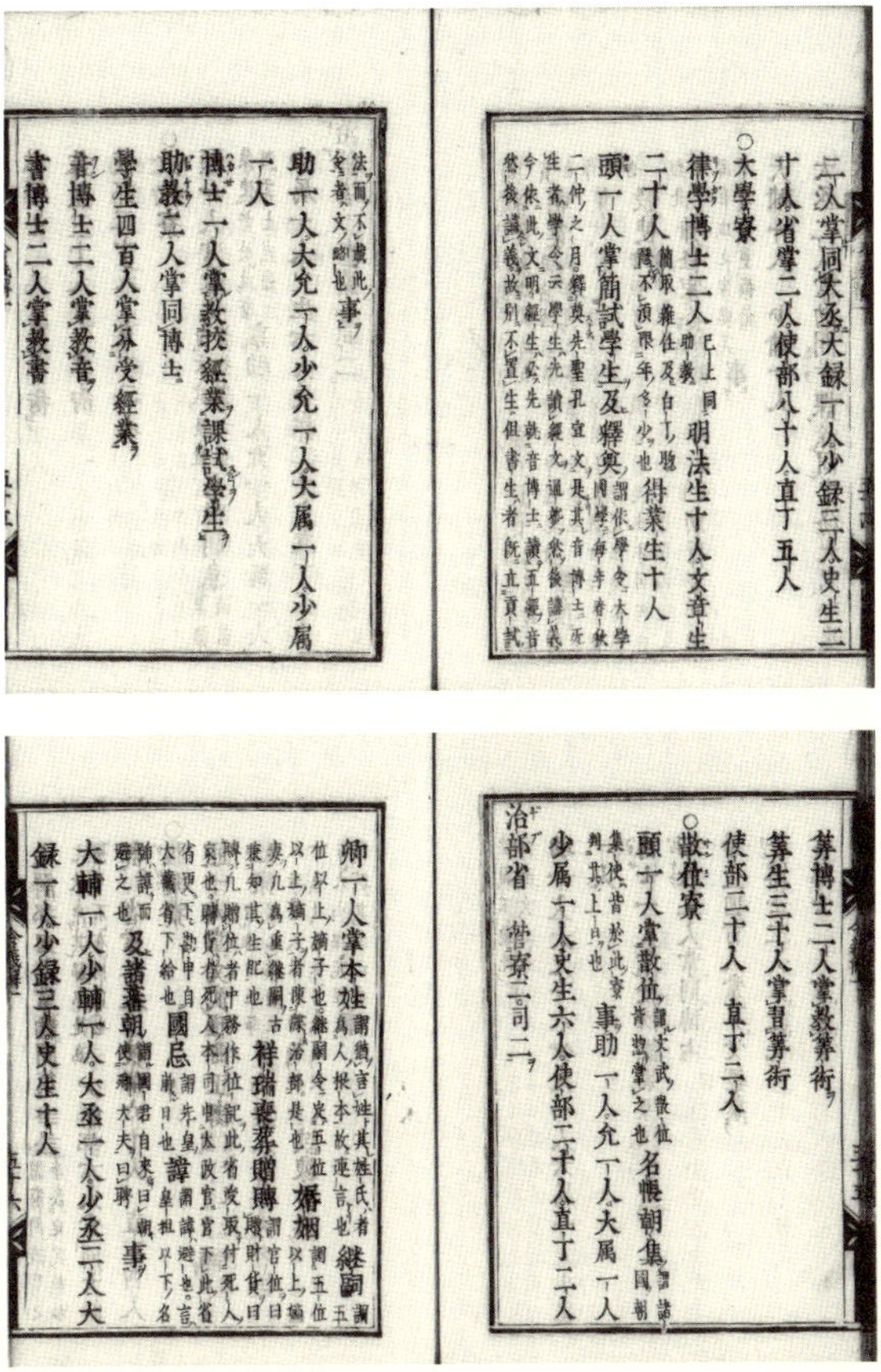
一人掌同大丞大録一人少録三人史生二
十人省掌二人使部八十人直丁五人
○大學寮
律學博士二人
二十人
頭一人掌簡試學生及釋奠
助一人大允一人少允一人大属一人少属
一人
博士一人掌教授經業課試學生
助教二人掌同博士
學生四百人掌分受經業
音博士二人掌教音
書博士二人掌教書
算博士二人掌教算術
算生三十人掌習算術
使部二十人　直丁二人
○散位寮
頭一人掌散位名帳朝集
事助一人允一人大属一人
少属一人史生六人使部二十人直丁二人
治部省　管寮二司二
卿一人掌本姓繼嗣婚姻祥瑞喪葬贈賻國忌諱及諸蕃朝聘事
大輔一人少輔一人大丞一人少丞二人大
録一人少録三人史生十人

図5　『令義解』　養老律令（養老２年（718））で大学寮の制度が設けられ、算博士２名が算生30名に数学を教えることとなった。

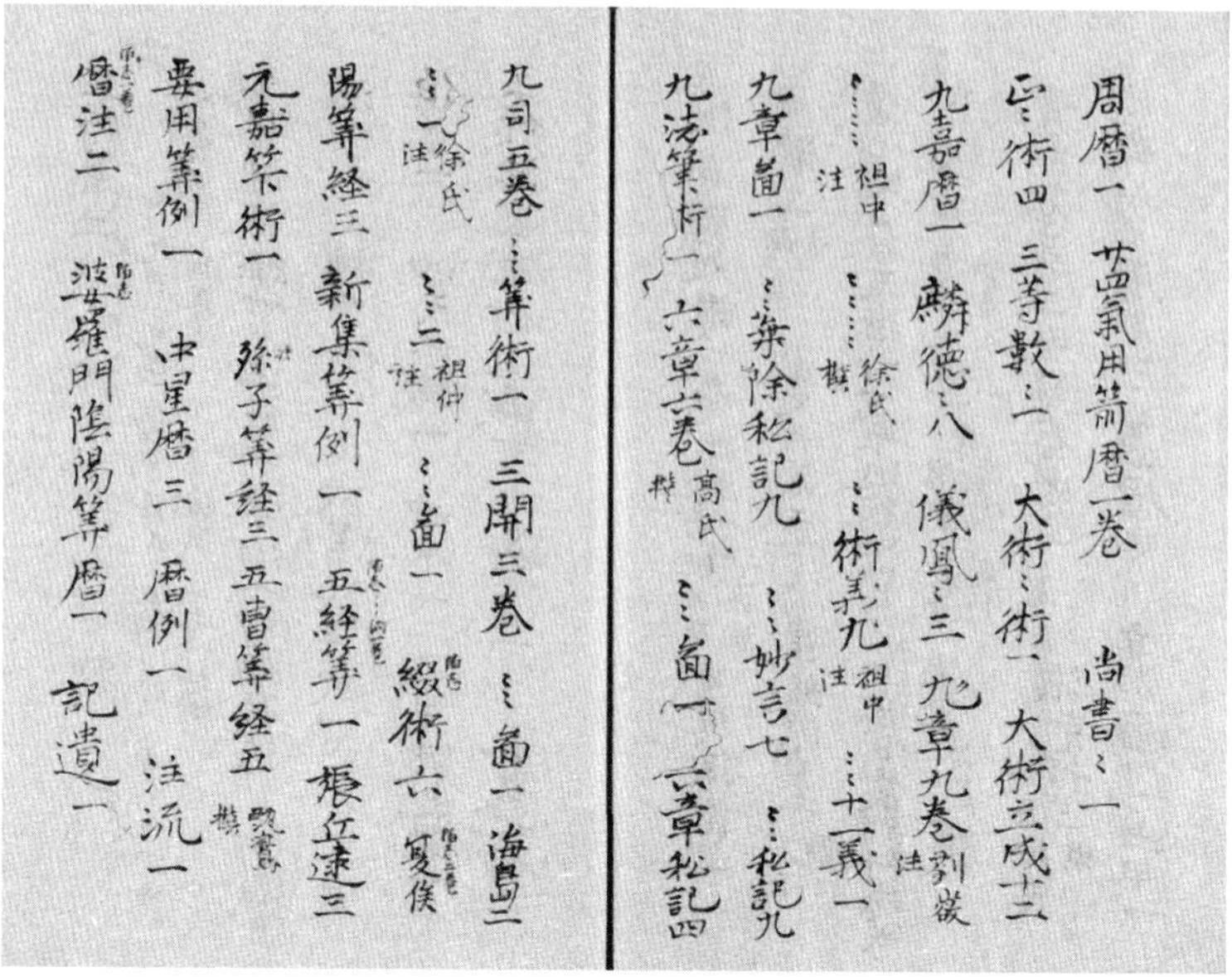

図6　『日本国見在書目録』　数学書の名前が略記してある。左頁の２行目に『綴術』と記されている。

『綴術』はきわめて高度な数学書であり、中国でもそれを理解できる人は少なく、失われてしまった。中国では数学はとりわけ暦の作成に必要とされ、優れた数学者は、暦算家でもあった。その制度をまねたわけであるが、それがどれほど機能したかは定かではない。我が国独自の暦を作る力量を持った暦算家は生まれなかった。しかし、会計の仕事はどうしても必要であり、ある程度の計算ができる人たちが必要とされた。彼らは、輸入された数学書を学習し、ある程度理解できたと考えられる。どのような数学書が輸入されたかは『日本国見在書目録』▲に見ることができる（図6）。

平安時代・天禄元年（九七〇）に源為憲《みなもとのためのり》が自分の子のために作った児童向けの学習事典『口遊《くちずさみ》』には、九九の表が記されている（図7）。

算師と魔術

算木（算籌）を使って計算ができることは、多くの

『日本国見在書目録』　寛平三年（八九一）ごろ藤原佐世《ふじわらのすけよ》によって作られた、日本最古の漢籍目録。

『今昔物語集』　平安時代末期に成立したと考えられる説話集。各説話の冒頭が「今は昔」で始まる。

人にとって不思議に思われたようである。そのために算木に対して魔力を感じたり、算木を使って計算をする算師を魔術師と考える人たちが出てきた。計算そのものが魔術と思われたのかもしれない。西洋でも mathematics には占星術や魔術の意味が含まれているので、こうした見方はむしろ世界共通のものであった可能性が大きい。こうした算木やそれを使って計算する算師に対する見方は『今昔物語集』▲に見ることができる。特に、二十四巻「俊平《としひら》入道弟習算術語《さんのじゅつをならうこと》第二十二」は、算木を使って女房たちを自在に笑わせた俊平入道のことが記され、俊平入道の弟に「人を置殺し置き生る術」を教えようとした中国人がいたことも記されている。俊平入道が算木を使って女房たちを笑わせた箇所を見ておこう。

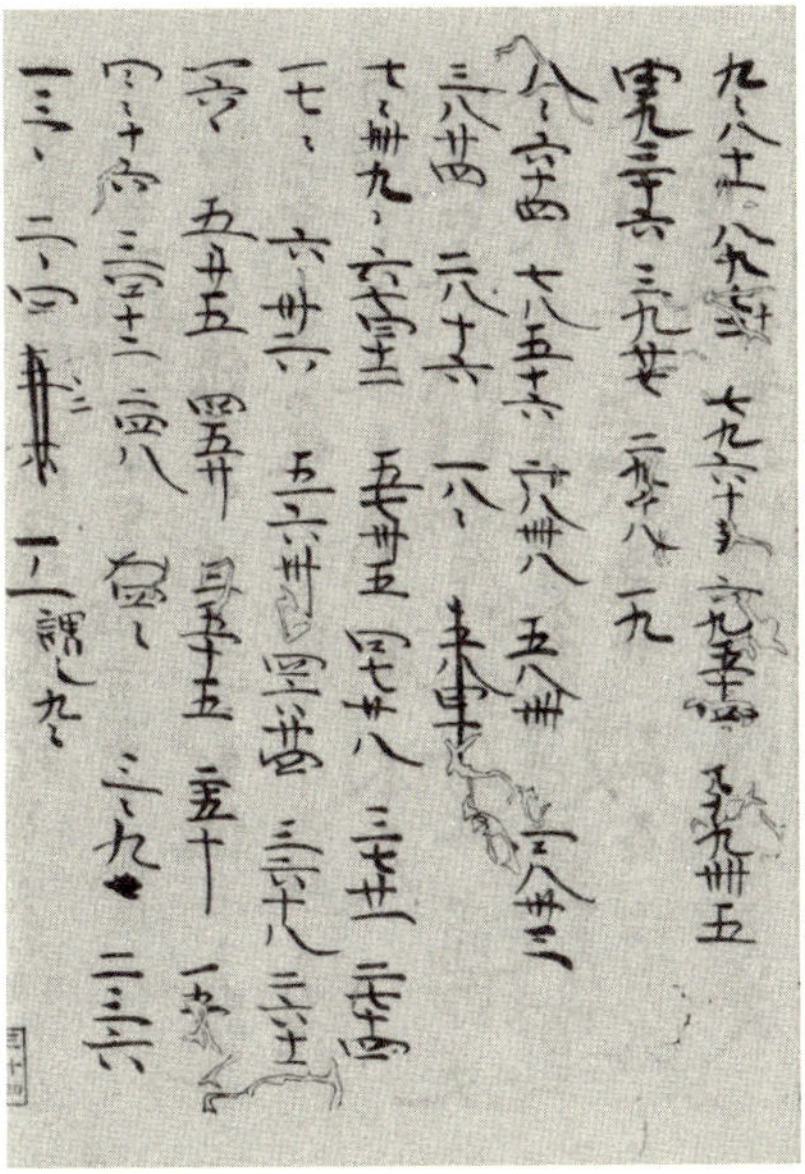

図７　『口遊』　九九の表が記されている。九九八十一から始まっている。

　俊平入道の家の大勢の女房が集まって夜明かしの庚《こう》申《しん》待ちをしていたとき、何か面白い話をして欲しいと俊平入道にたのむと、入道は、面白い話はできないが、笑いたいのであれば笑わせてあげようと、断って走っていき、何かを手に持ってきた。

　見れば、算《さん》をはらはらと出せば、女房共此れを見て、「此れが可咲《をかし》き事にて有るか。去来《いざ》、然《さ》は咲《わら》はむ」と嘲《あざ》けるに、入道、答も為《せ》ずして、算をさらさらと置き居たり。置畢《おきはて》て、広さ七八分許《ばかり》の算を有《あり》けるを手に捧《ささげ》て、入道、「御前達《ごぜんたち》、然《さ》は咲《わら》ひ給《たま》はじや。咲《わらは》かし奉《たてまつ》らむ」と云ければ、女房、「其の算提《さんひさ》げ給へるこそ咲《をかし》〔からめ〕」など云ひ合たりけるに、其の算を置くと見ければ、女房共、皆ゑつぼに入にけり。痛く咲《わらひ》て、止《とどま》らむと為《す》れども止《とどま》らず。腹の切るる様にて、死ぬべく思ければ、咲ひ乍《なが》ら涙を流す者も有けり。為《す》べき方無くて、入道に向《むかひ》て、ゑつぼに入たる者共の物をば云はずして、手を摺《すり》ければ、入道、「然《さ》ればこそ申つれ。今は咲ひ飽き給ひぬらむ」と云ければ、女房共、□て臥し返り咲ひ乍ら、手を摺ければ、吉《よ》く侘びしめて後に、置たる算をさらさらと押壊《おしやぶり》たりければ、皆咲ひ醒《さめ》にけり。

（見ると算木をぱらぱらと出す。これを見た女房たちは「これがおかしいことなの。では笑いましょう」といってひやかすが、入道は返事もせず、算木をさらさらと置いた。置き終わり、そこにある幅七、八分ほどの算木をささげ持ち、「さて皆さん、それならばお笑いになりませんね。では笑わせて差し上げましょう」というと、女房たちは「あなたの算木を持つ手つきの方がよほどおかしいわ」など言っているうち、その算木を置くと見るや、皆大笑いをしはじめた。笑いに笑って、どうにも止められない、まさに腹も裂けそうで死ぬほど苦しく、笑いながら涙を流す者もいた。
どうにも仕方なく、笑いころげながら入道に向かい、無言で手をすって拝むので、それを見た入道は「だから言わないことではない。もう笑うのに飽きなさったでしょう」と言うと、女房たちはうなずき、のけぞって笑いながら手を合わせるので、十分に苦しめておいてから、置いてある算木をさらさらと押し崩した。と同時に、皆は笑い止んだ。▲）

文中「算を置く」という表現があるが、これは算木を並べることを意味している。狂言『居杭《いぐい》』（井杭とも書く）では、清水の観世音からもらった頭巾をかぶると姿が見えなくなった居杭を探すために算置《さんおき》を呼んで居杭の居場所を占ってもらうが、そこでも「算を置く」という表現が出てくる。『日葡辞書』▲にもSanという項目があり、「くじ引き用の小札を投じたり、計算したりするのに使うある木片。本来は算木という」との説明があり、算木のことを算と呼んでいたことが分かる。また、用例としてSanuo voqu（算を置く）を「占いをしたり、計算をするために算木を置く」と説明されている。さらに、奈良絵本▲の『たなばた』にも算木を並べて蔵のなかの米粒の数を数える鬼を描いた場面が登場する（図8）。算木を使って計算することが不思議に思われていた名残を見ることができる。

現代語訳　『今昔物語集（3）』（日本古典文学全集、小学館、一九七四年）三〇三―〇四頁より一部表記を変えて引用。

『日葡辞書』　イエズス会によって長崎で慶長八年（一六〇三）に本篇、翌年に補遺が出版された、ポルトガル語で記された日本語の辞典。

奈良絵本　室町時代後半から江戸時代前半に、主として御伽草子《おとぎぞうし》を題材にして作られた絵入りの冊子本。

図8 『たなばた』 千石の米を別の蔵に運べと鬼から難題を出された姫君をたすけるためにアリが米を運ぶが、鬼が算木を使って調べると一粒米が足りない。姫君が悲しみながら探すと、足の不自由なアリが最後の一粒をよろめきながら運んでいた。算木で米粒の数を点検することはできないが、算木に不思議な力がこめられていると思われていたことが分かる。

ソロバンの普及

算木は長い間計算の道具として使われたが、おそくとも南宋の時代には中国ではソロバンが使われるようになり、元代にはかなり普及した。明代になるとソロバンでの計算が普通に行われるようになった。そしてソロバンのための教科書が出版されるようになった。なかでも、程大位《ていたいい》（一五三三―一六〇六）によって万暦二十年（一五九二）に出版された『算法統宗』は中国でベストセラーとなった（図9）。

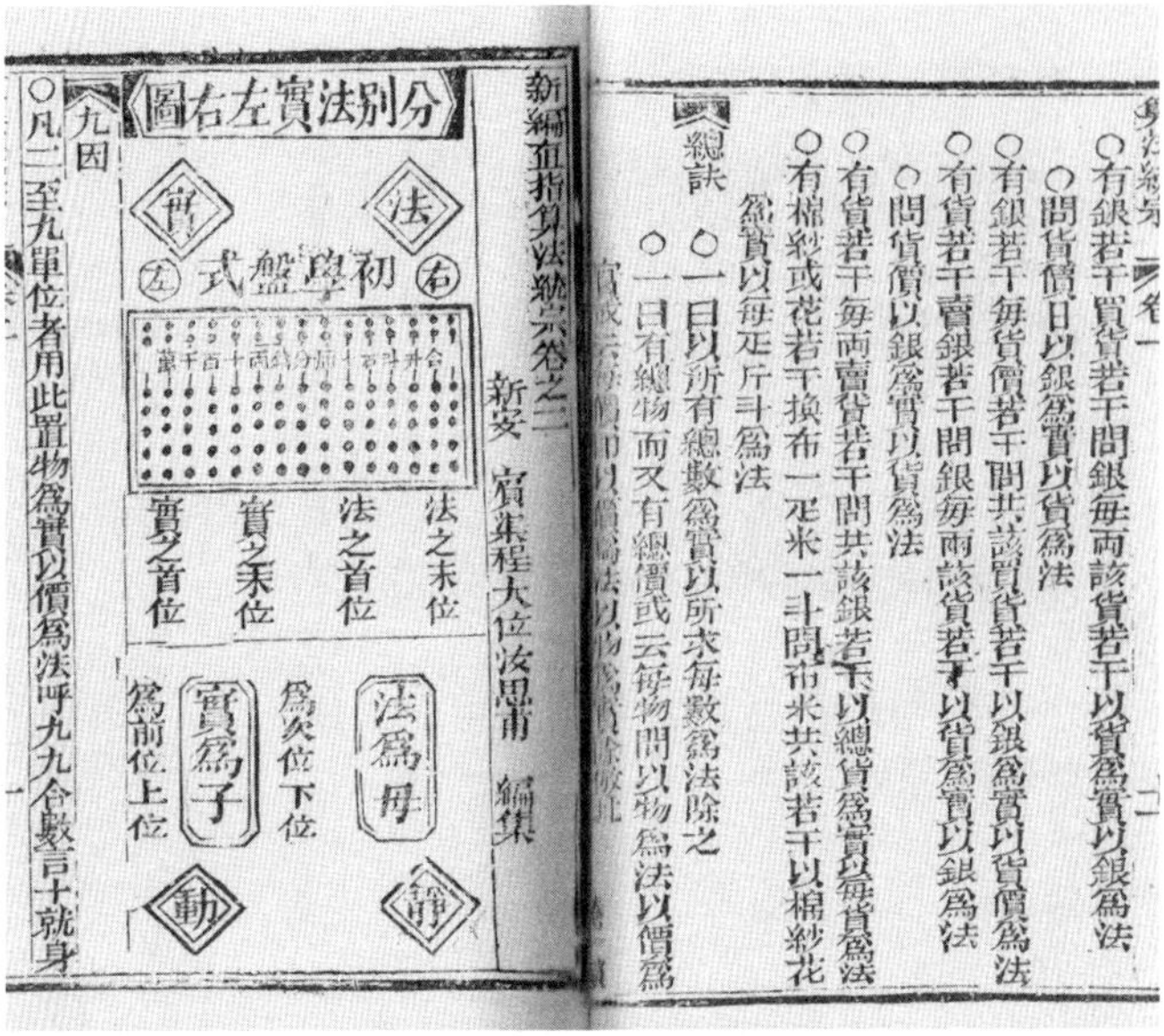

図9　『算法統宗』　初版（1592年）の清代の復刻版。５玉が２つの中国ソロバンの図。『算法統宗』は珠算の教科書として中国でベストセラーになった。

中国のソロバンはやがて日本にもたらされ、改良された。どのような経緯で日本にソロバンが輸入され普及したかはよく分からないが、海外に進出した商人たちが中国でソロバンに出会ったものと思われる。『日葡辞書』に、Soroban の項があり、「針金で貫き通した数珠のついた盤で、中国人および日本人が計算するために使うもの」と記されているので、日本でも当時既にソロバンがある程度普及していたことが分かる。

中国のソロバンの珠は丸みを帯びているが（図10）、日本では珠を速く動かすことができるように改良された（図11）。日本のソロバンの改良がいつごろから始まったかは不明である。江戸時代に一世を風靡した大津ソロバンの由来については、製作元の片岡家に家伝が伝わっている。▲ それによれば慶長十七年（一六一二）に長崎に来た中国人にソロバンの製造法を学んで製造を始めたとあるが、明治時代

大津ソロバンの由来……　『鈴木久男著作集 第一冊』「古そろばんの研究」（富士短期大学出版部、一九七三年）二五一、二五七頁。

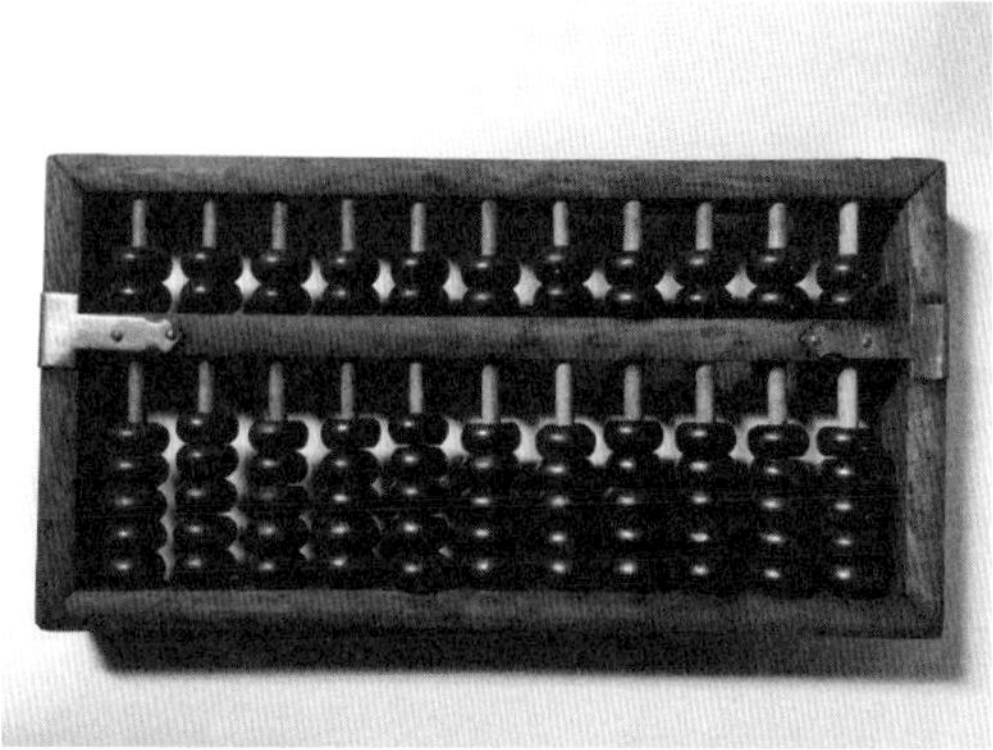

図10　中国ソロバン　日本のソロバンと違って、珠は丸みを帯びている。

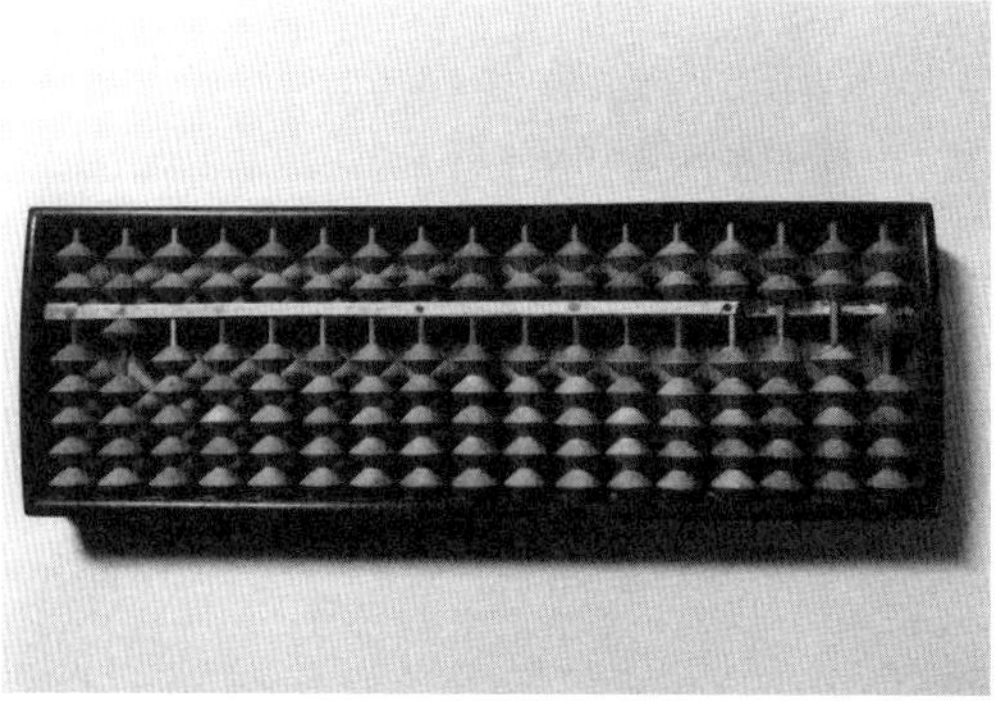

図11　日本のソロバン　速く珠を動かすことができるように改良されている。

になって記された文書であるので、その信憑性に関しては疑問が残る。

江戸時代は士農工商という身分制度が確立し、ソロバンは、武士階級では勘定方を除いて使わないものとされていて、武士の多くがその使用に抵抗したが、算木を使うことには抵抗がなかった。ソロバンと算木の二つを使うことができたことで、江戸時代に和算はすべての階級に普及していくこととなった。

改めて前掲の算額（図1）を見ると、中央にいる師匠とおぼしき人の横で若者が算木を持って方程式を解くための指導を受けている。二人の前にある大きな板は算盤《さんばん》と呼ばれ、算木を使って方程式を解くために用いられた。江戸時代にはソロバンと算木が共存していたことをこの算額は示している。

二▶和算の基礎を作った『塵劫記』

『割算書』

江戸時代になるとソロバンは広く普及し、ソロバンの教科書が広く求められるようになった。さまざまな教科書が作られたと推測されるが、寛永四年（一六二七）に初版が出版された『塵劫記《じんこうき》』のできが素晴らしかったので、それ以前のソロバンの教科書は駆逐されてしまい、今日ではほとんど残っていない。わずかに『算用記』▲や元和八年（一六二二）に出版された毛利重能《もうりしげよし》▲著『割算書』（図12）が残されているに過ぎない。毛利重能は、割り算天下一指南との看板を掲げて、京都でソロバンを教えた。『塵劫記』の著者である吉田光由《みつよし》も毛利重能に学んだとも言われている。ところで、『割算書』には不思議な序文がつけられている。現代仮名遣いに改めて記す。

夫れ割り算と云い寿天屋辺連《じゅてやへれん》［ベツレヘム］と云う所に、智恵万徳を備われる名木有り。この木に百味の含霊の菓《このみ》一つ生ず。一切人間の初め、夫婦二

『算用記』 安土桃山時代から江戸初期の間に記されたと考えられるソロバンの教科書。現存するソロバンの教科書では一番古いと考えられている。龍谷大学に一本のみ現存する。

毛利重能 摂津武庫郡（現・兵庫県）瓦林《かわらばやし》の人。京都で「割り算の天下一」と称して塾を開き、多くの弟子を育てたと伝えられているが、詳細は不明。

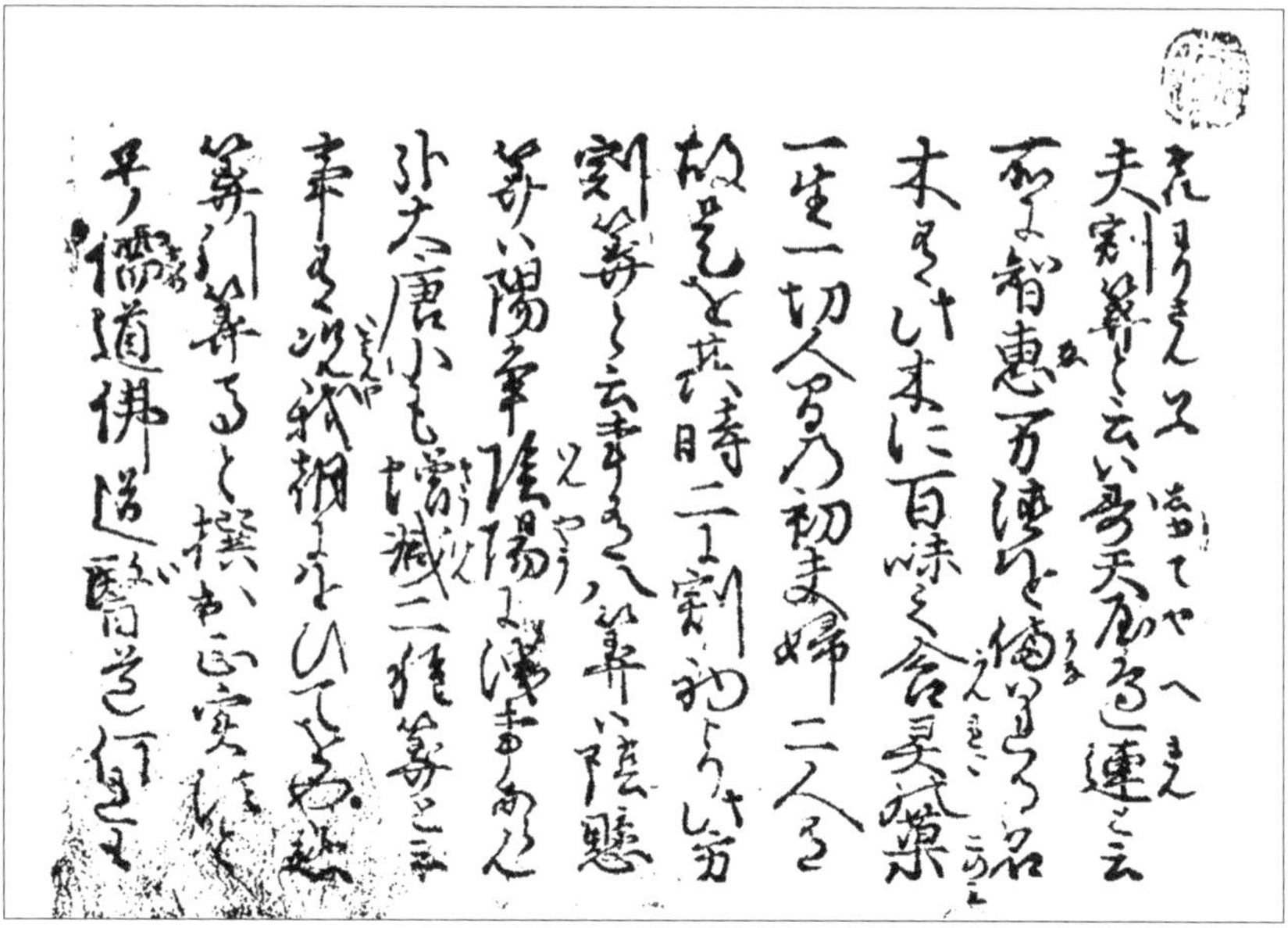

図12 『割算書』 キリシタンとの関係を疑わせる序文が付いている。

人あり。故に、是をその時二に割り初《はじ》むるよりこの方、割り算と云うこと有り。

割り算の起源をアダムとイブの話にかこつけているように見えるが、エデンの園をベツレヘムと勘違いしているようにも見えるし、意図的に間違えて記しているようにも見える。江戸幕府は慶長十七年（一六一二）に、江戸、京都、駿府をはじめとする直轄地でキリスト教の禁止令を布告しているので、年代的に考えても不思議な序文である。

『割算書』には書名が記されていないので、当時『割算書』と呼ばれていたかは不明である。目次では「割算目録之次第」と題されているので、単に『割算』と呼ばれていたかもしれない。ただ、書名と違って、単にソロバンによる割り算の手法を記したものではなく、当時の社会生活で必要とされる数学が記されていた。これをさらに推し進めたのが吉田光由による『塵劫記』である。

『塵劫記』を生んだ角倉一族

織豊時代から江戸初期にかけては、海外との交易を含めた経済活動が活発になり、さらには築城や検地、河川の改修などで数学が必要とされた時代であった。この時代は、イエズス会の宣教師や南蛮貿易による西洋文化の流入、秀吉の朝鮮侵攻による朝鮮の文化と技術、とりわけ活字印刷術の輸入、中国や東南アジア交易による中国、東南アジア文化の輸入、そして茶の湯や能に代表される日本文化の発展と、たくさんの異なる文化が激しく渦巻き、互いに刺激し合っていた。そうした文化的状況を代表するのが角倉《すみのくら》一族である。

角倉の本姓は吉田であり、本来は医者の家系であったが、室町時代に金融業（土倉）を始め、安南との朱印船貿易によって巨利を得、河川の改修、運河の開削などの土木事業に投資する一方で、嵯峨本▲の出版などの文化的な事業にも巨費を投入した。角倉了以《りょうい》（一五五四―一六一四）と角倉素庵《そあん》（一五七一―一六三二）親子は特に有名である。

『塵劫記』の著者吉田光由も角倉の一員であり、こうした角倉一族の活動が優れた著作を産み出したものと考えられる。光由は兄の光長とともに菖蒲谷池を作り、角倉隧道《すみのくらずいどう》を開削する土木事業を行って、当時水が不足していた嵯峨野に水を引いている。土木事業や金融業を行う関係で、数学が必要とされ、角倉家一門内

嵯峨本　江戸時代初期、慶長年間に京都嵯峨で出版された木活字による版本。本阿弥光悦を中心として角倉素庵の協力によって成ったため、角倉本、光悦本と呼ばれることもある。日本の印刷文化史上最も美しい版本とされている。

で数学の教育が行われていたものと推測される。吉田光由が著した『塵劫記』が教科書としてきわめて優れていたのは、そうした角倉一門の教育実践の成果を取り入れたからだと思われる。吉田光由自身は寛永八年、および十一年に出版した『新編塵劫記』の跋《ばつ》で次のように記している（図13）。原文の一部を漢字に変え、一部を仮名に変えて記す。

算数の代におけるや誠《まこと》にえがたく、捨てがたきはこの道なり。しかれども、代々この道おとろへて、世に名ある者少なし。しかあるに、我まれにある師につきて、汝思《じょし》の書を受けて、これを服飾《ふくしょく》とし、領袖《りやうしう》として、その一二を得たり。その師に聞ける所のもの、書き集めて十八巻となして、その一二三を上中下として、われにおろかなる人の初門として伝へり。しかるを、また、諸書《しょしょ》を刻んで世渡る人、これを写し求めて、利《り》のために世に商《あきな》ふといへども、そのくはしきを知らざれば、誤り乱《みだ》せる所多し。されば、わが書の病《やまひ》ならんも思ふに苦し。かるがゆゑに、この書にしるしを朱《しゅ》と墨《すみ》とにて定む。しかれども、猶《なお》この書にも失《しつ》ありなん。心ざしあらん人は、師にたづね求めて、正し給へ。愚《ぐ》のつたなきも、このほか十五の巻あり。いはんや世に名ある人をや。是《これ》は初門《しょもん》なり。なを、室《しつ》の門戸《もんこ》に入らずして、いかに知らざらんをや。

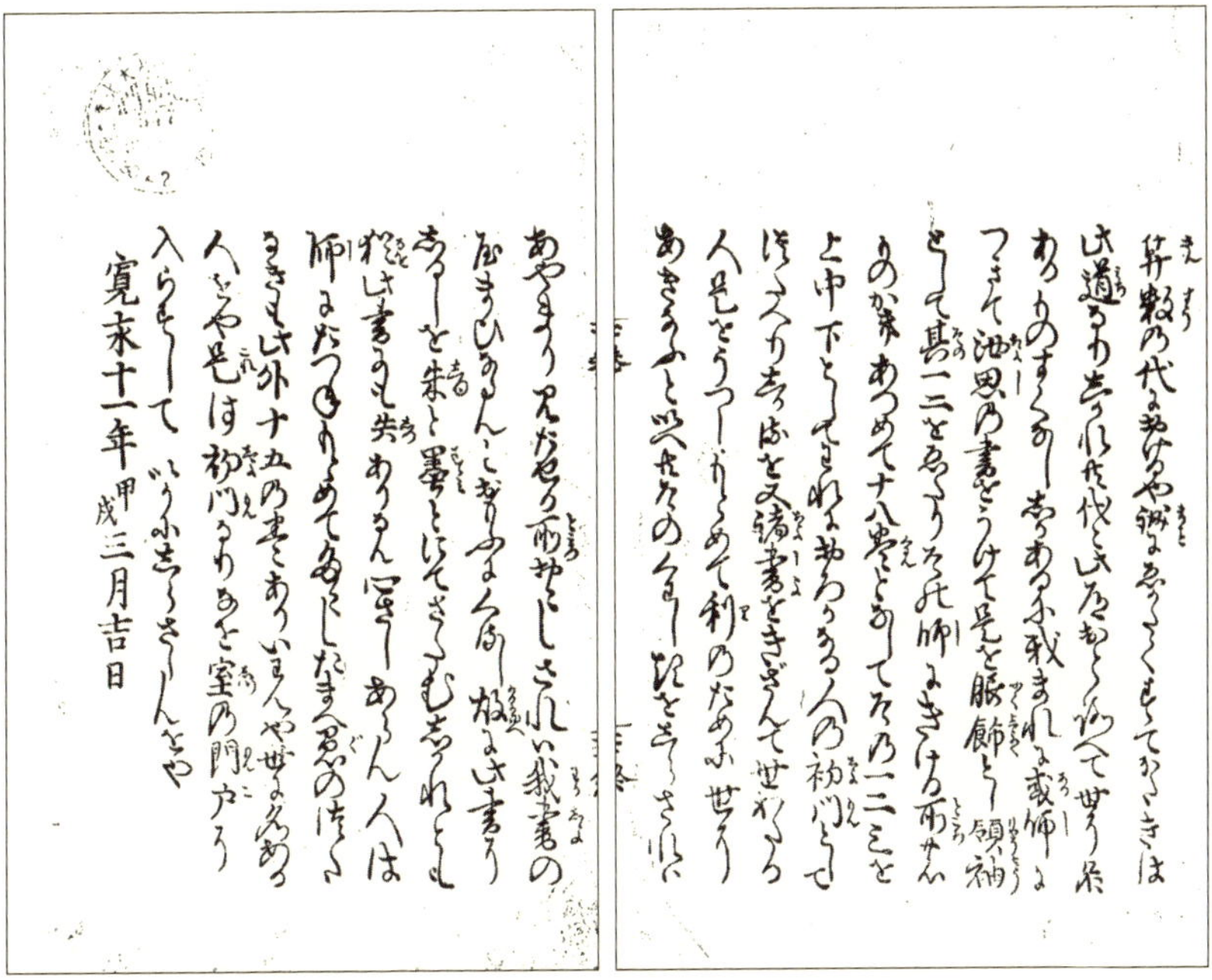

図13　『塵劫記』寛永11年版、三巻四十八条本、跋　寛永11年6月の日付で吉田光由の花押を記した版もある。

寛永十一年甲戌三月吉日

文中の「ある師」とは叔父の角倉了以のことと推測されている。また、「汝思《じょし》」とは程大位《ていたいい》のことで、彼の『算法統宗』を角倉了以について教わったことになる。『算法統宗』は大部な書ではあるが、それまでの中国の数学書の内容の寄せ集めであり、完成度はそれほど高くない。

一方、『塵劫記』は『算法統宗』とは比べものにならないほど洗練された記述となっていて、模倣した跡をほとんど見ることができない。わずかに後の版に『算法統宗』からとられたと思われる図版が見られるだけである。『塵劫記』は単なるソロバンの入門書ではなく、当時の農業、商業、工業で必要とされる数学が網羅された教科書となっていた。それだけでなく、多数の美しい図版を取り入れており、嵯峨本の系統

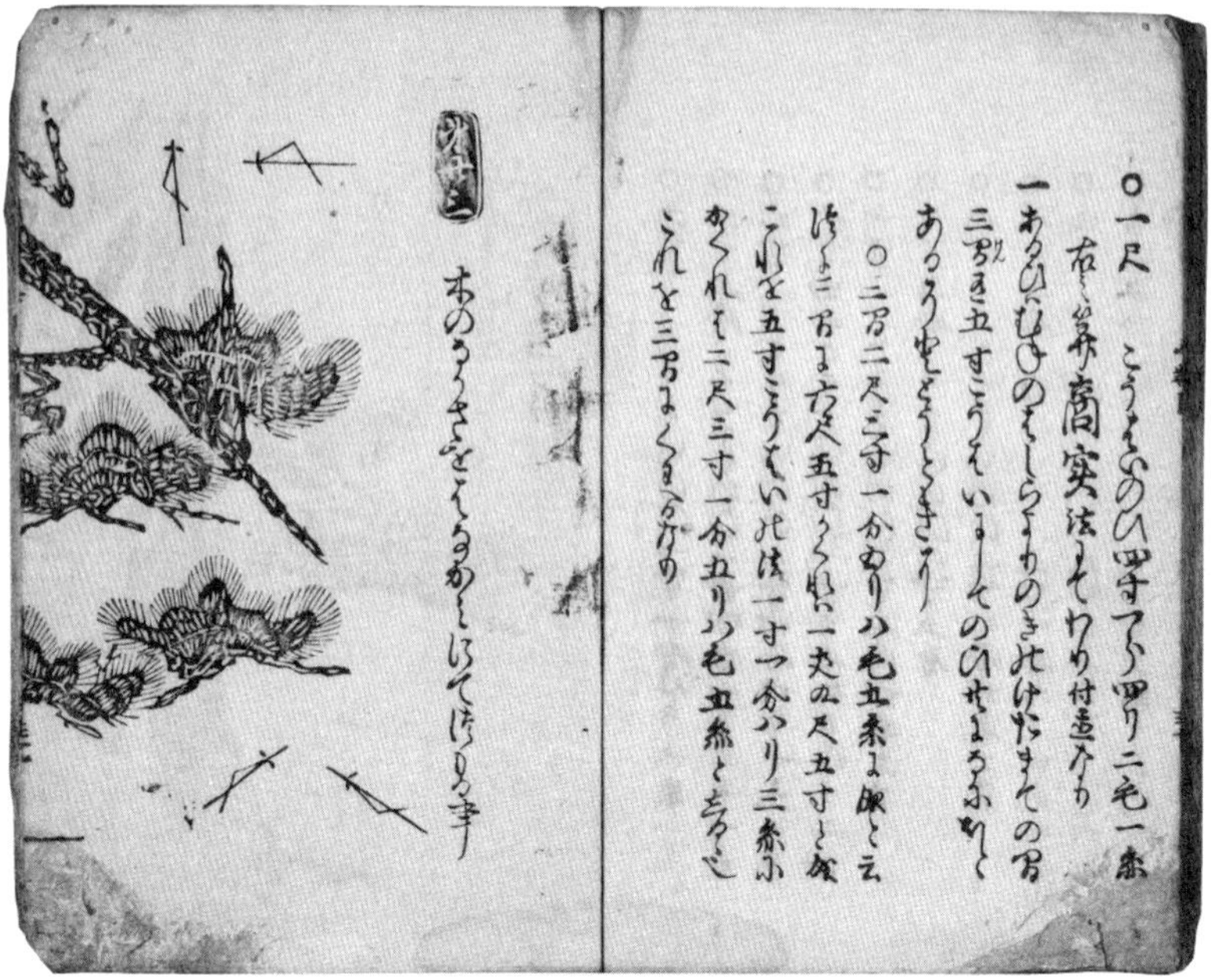

垂直になるようにして、斜辺の方向に木の頂上が見える位置を探すと、その地点の木からの距離と鼻紙の地面からの高さを足すと木の高さになるという問題である。

をひいていた。そのために多くの読者を得、江戸時代を通して一大ベストセラーとなった。海賊版も多数発刊された。今日、多くの『塵劫記』が残されているが、その保存状態がよくないものが多い。実際に、多くの人が熱心に『塵劫記』を読んだ結果である（図14）。

ソロバンの教科書としての『塵劫記』

「めのこさん」という言葉が残されている。今日では「目の子算」と書かれるが、江戸時代には「女の子算」とも書かれ、今日と意味も違って、足し算、引き算で計算することを意味した。足し算と引き算は女の子でもソロバンを使って計算できる、したがって誰でも計算できる初等的な計算法という差別的な用語であった。このような言葉が残っているほど、江戸時代にはソロバンを使った足し算、引き算は多くの人の間に普及しており、

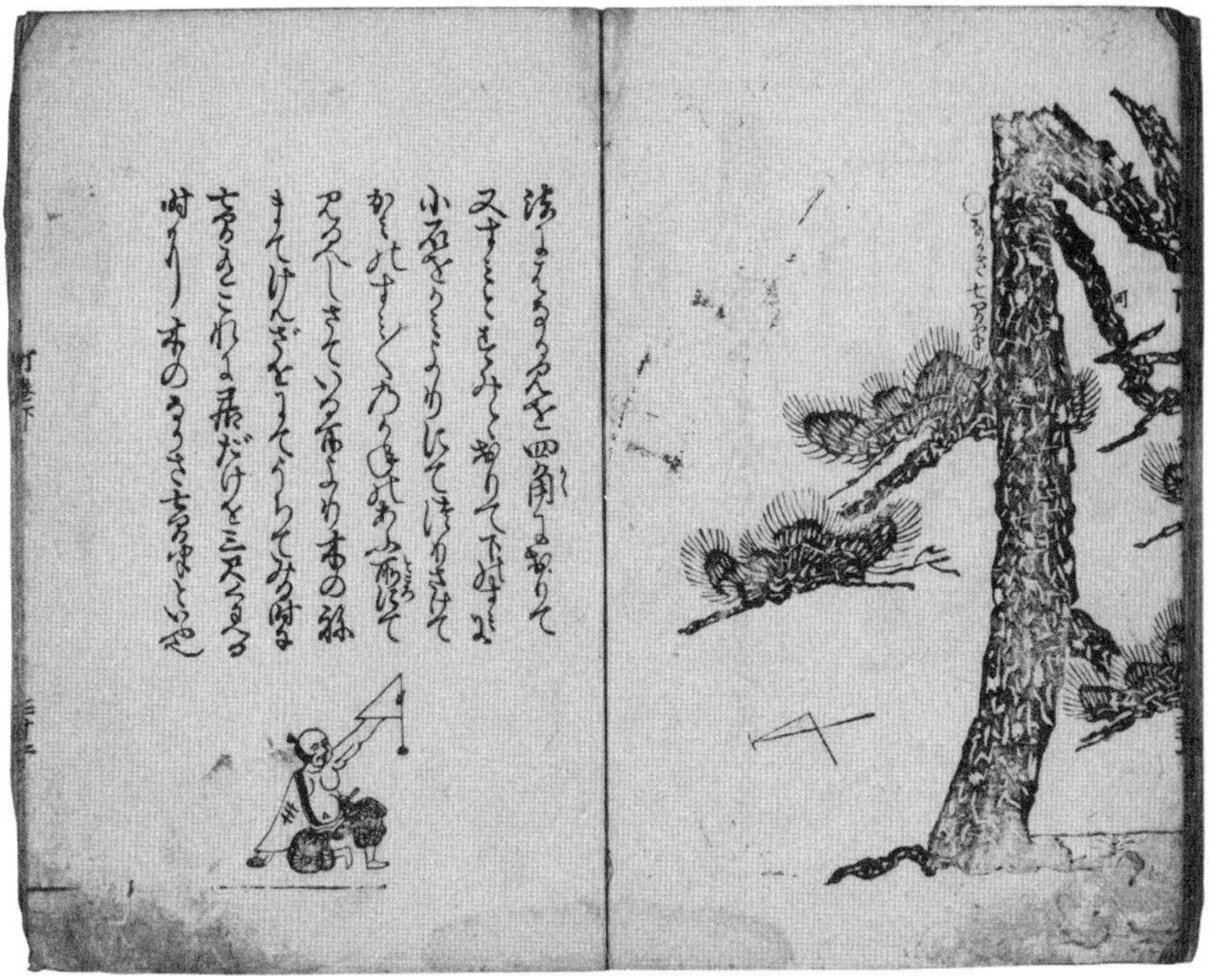

図14　『塵劫記』寛永11年版、四巻六十三条本、第四巻　鼻紙を使って木の高さを求める問題。正方形の紙を対角線で折って直角二等辺三角形を作り、二等辺の１辺が地面に↗

通常は家庭で親や兄弟から学んでいた。難しかったのは割り算であり、ソロバンの教科書はしたがって割り算の計算法から書かれるのがつねであり、割り算の検算《けんざん》も兼ねて掛け算が学習された。割り算は今日私たちが、筆算でやるやり方とは違って、割り算九九（八算の割声とも言われる）が使われた。たとえば2で割る場合の割り算の九九は「二一天作の五」、「逢二進一十」（逢は読まずに「二ちん一しん」と当時の中国音を使って読まれた）であり、3で割る場合の割り算の九九は「三一三十一」、「三二六十二」、「逢三進一十」と唱えられた（図15）。こうして9で割る九九までを暗記する必要があったが、これを暗記しておけば割り算は機械的に行うことができた。「にっちもさっちもいかない」という言葉は割り算の九九の「二進」（にちん）、「三進」（さんちん）に由来する。

ところで、『塵劫記』はソロバンの教科書とし

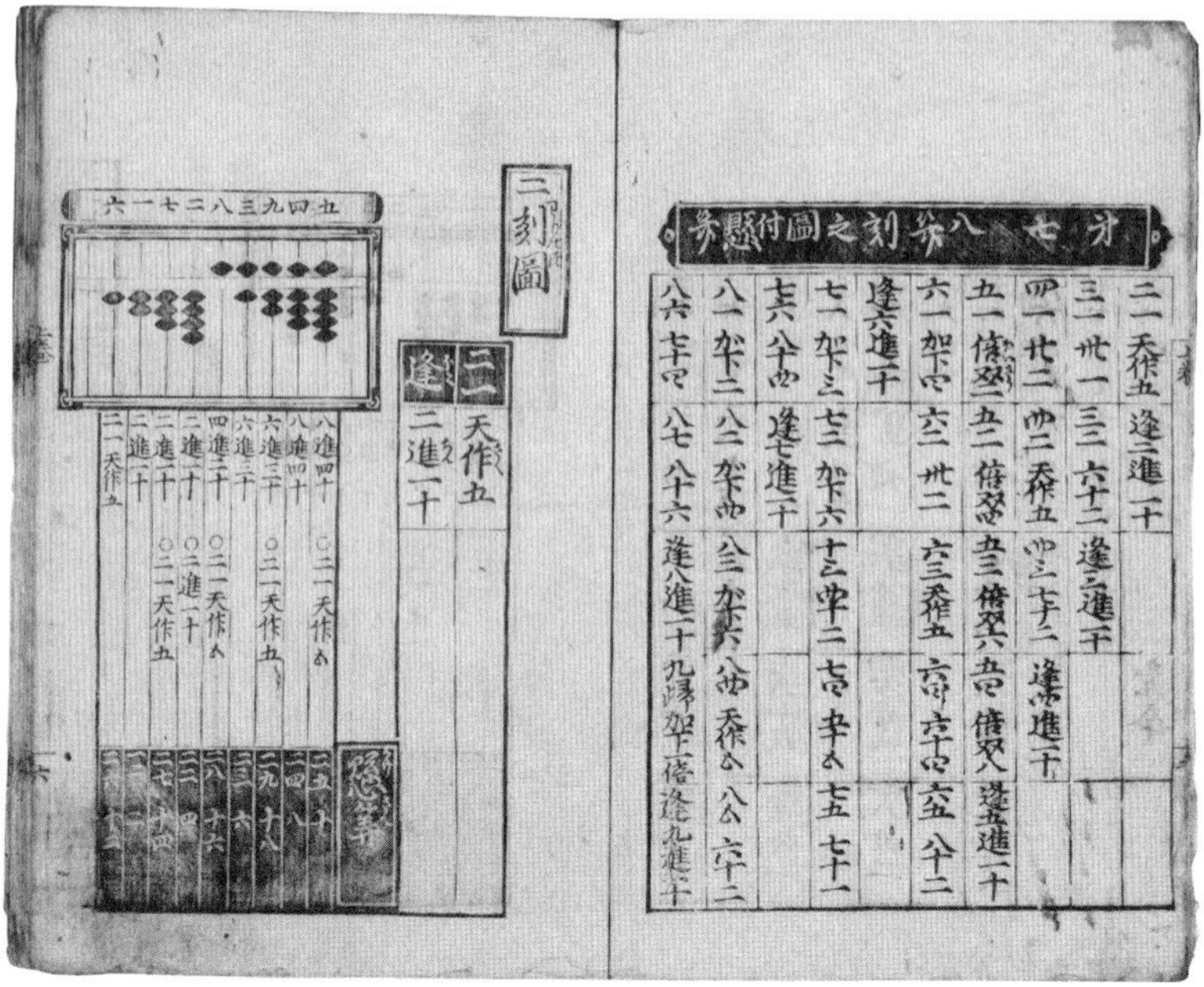

図15 『塵劫記』寛永８年版、三巻四十八巻本　八算の割声と123456789÷2の計算法が記されている。

て編まれているが、さまざまな工夫がこらされていた。ソロバンによる計算の解説のところ以外は、問題と答えと解き方が記された問題集であった。その問題は、当時の生活で必要とされたものだけでなく、パズル的な問題も含み、さらに工夫をすれば計算が劇的に簡単になるような問題が多数含まれており、学習者の興味をかき立てた。そのこともあり、『塵劫記』は江戸時代を通してベストセラーとなり、広く読まれた。今日もたくさんの『塵劫記』が残されているが、その多くは何代にもわたって使い込まれている。また、『大全塵劫記』、『金徳塵劫記』などと、その題名の一部に「塵劫記」という名前を含んだソロバンの教科書が多数刊行された。明治になってからも『明治塵劫記』が刊行されたように、『塵劫記』は数学の入門書としての揺るぎない地位を確立していた。

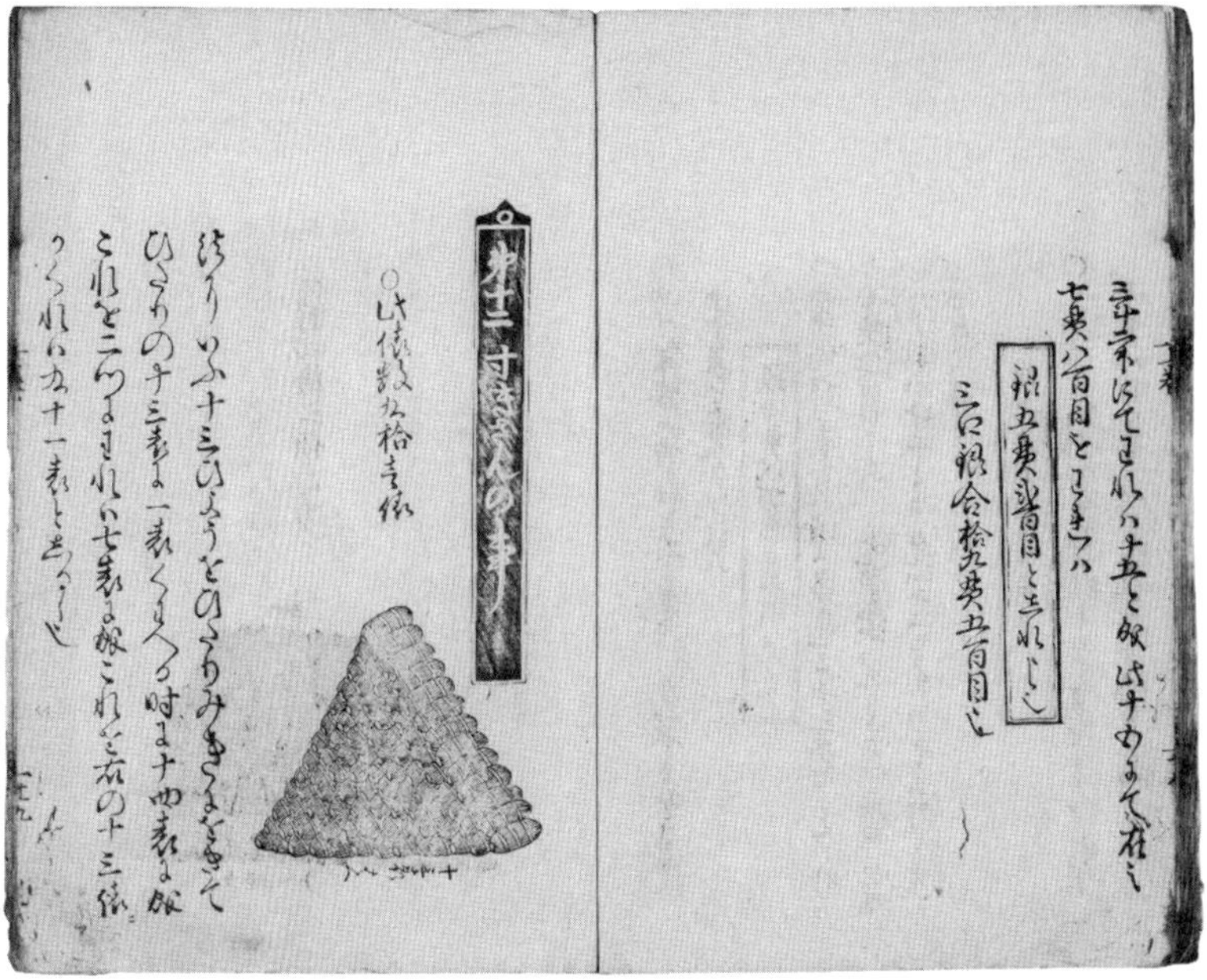

図16　『塵劫記』寛永8年版、三巻四十八条本、上巻「すぎざんの事」

『塵劫記』の問題の一部を見てみよう

たとえば「俵杉算《たわらすぎざん》」あるいは単に「杉算《すぎざん》」と呼ばれる問題は、もともとは積み上げられた杉の丸太の本数を求める問題であったのが、後に俵を使った問題に変わったものである。図16では俵を積んでいって最下の段の俵の数が十三俵のとき、俵の総数を求める問題となっている。

初学者は一から十三まで、あるいは十三から一までソロバンで足して総数を求めるが、『塵劫記』の解法では（13+1）÷2×13として計算するように記されている。図17はその計算法を図解したものである。

さらに『塵劫記』の特徴は至る所で億や兆の大きな数値が出てくる点にある。ソロバンを使うことによって計算は容易になったが、数値感覚を持つことが商業が盛んになってきた当時の社会で重要な課題となっていたからと思われる。億や兆の

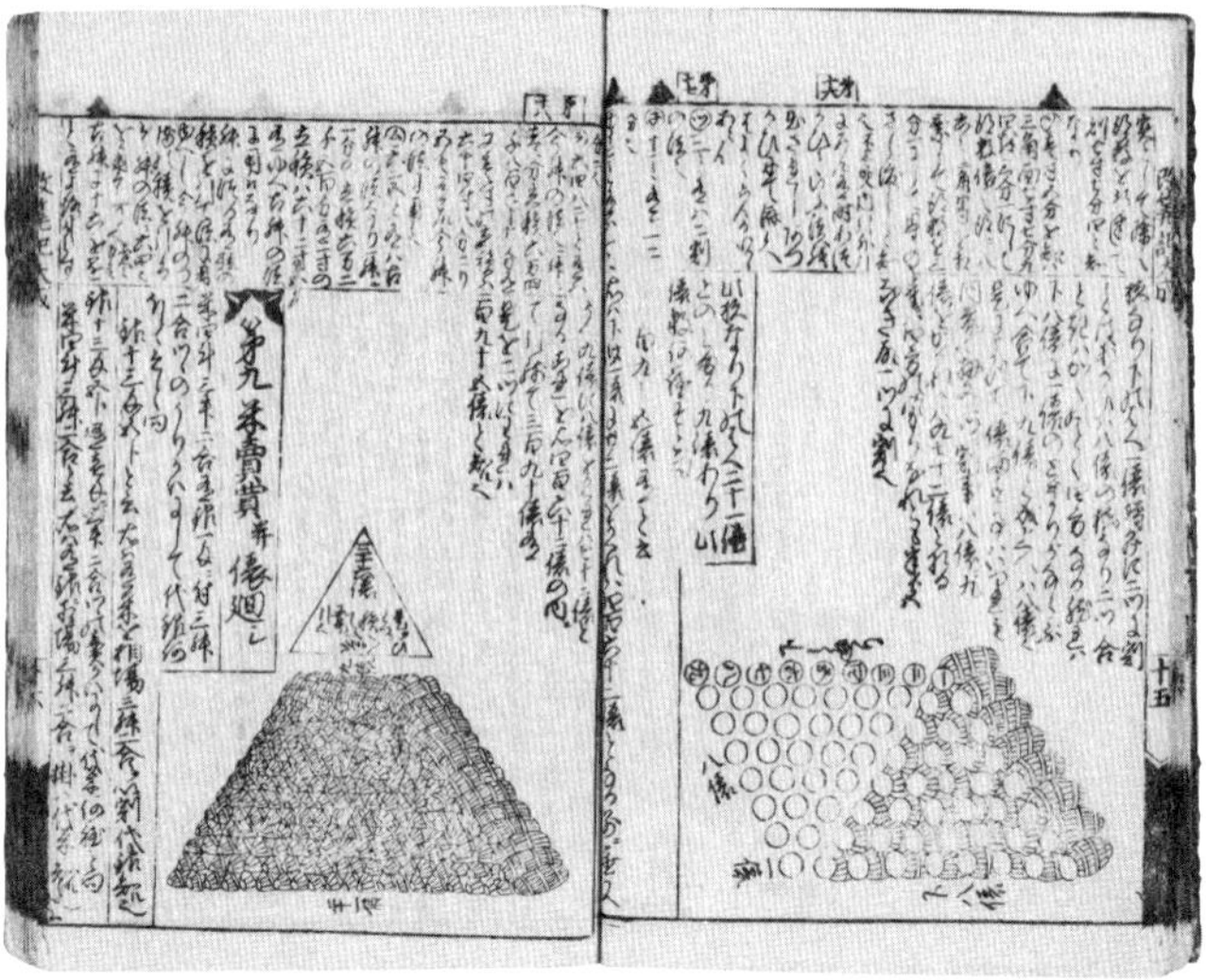

図17　『改算記綱目』『塵劫記』に次いでベストセラーとなった『改算記』の解説本。杉算の計算法が図で解説してある。

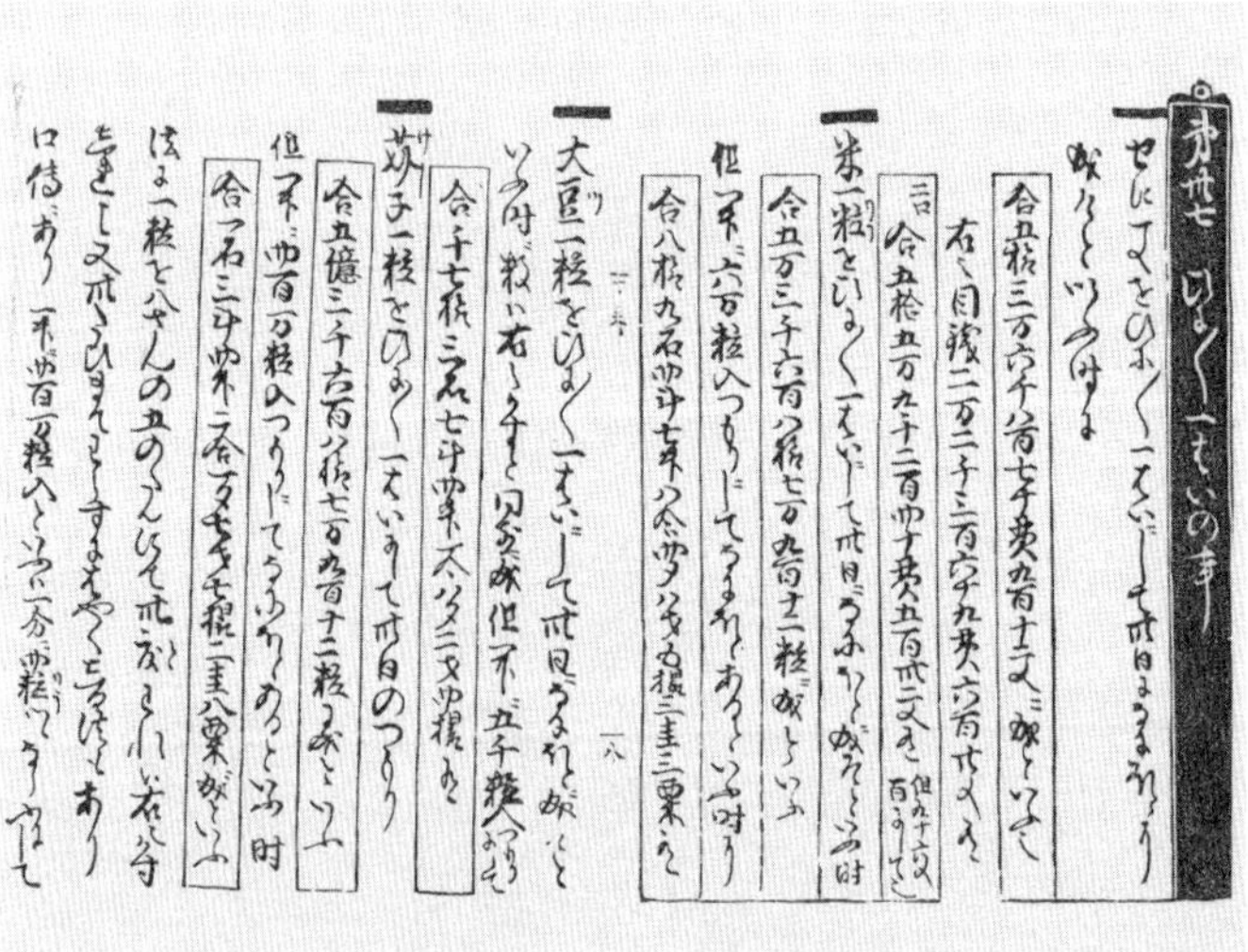

図18　『塵劫記』寛永11年版、下巻「日に日に一倍のこと」「一倍」は今日の2倍のこと。倍ずつ増やしていくと巨大な数値になることが問題で具体的に確かめられる。最初の問題はお金1文を毎日2倍にしていくと30日目にいくらになるかを問うている。答えは536870貫912文（1貫は1000文である）。次の頁には芥子1粒を毎日2倍していくと50日目に合わせて何粒になるかを問う問題がある。答えは562,949,953,421,312粒。

本文中の解答　油を移す各段階は左表のようになる。

7	3	10
0	0	10
0	3	7
3	0	7
3	3	4
6	0	4
6	3	1
7	2	1
0	2	8
2	0	8
2	3	5

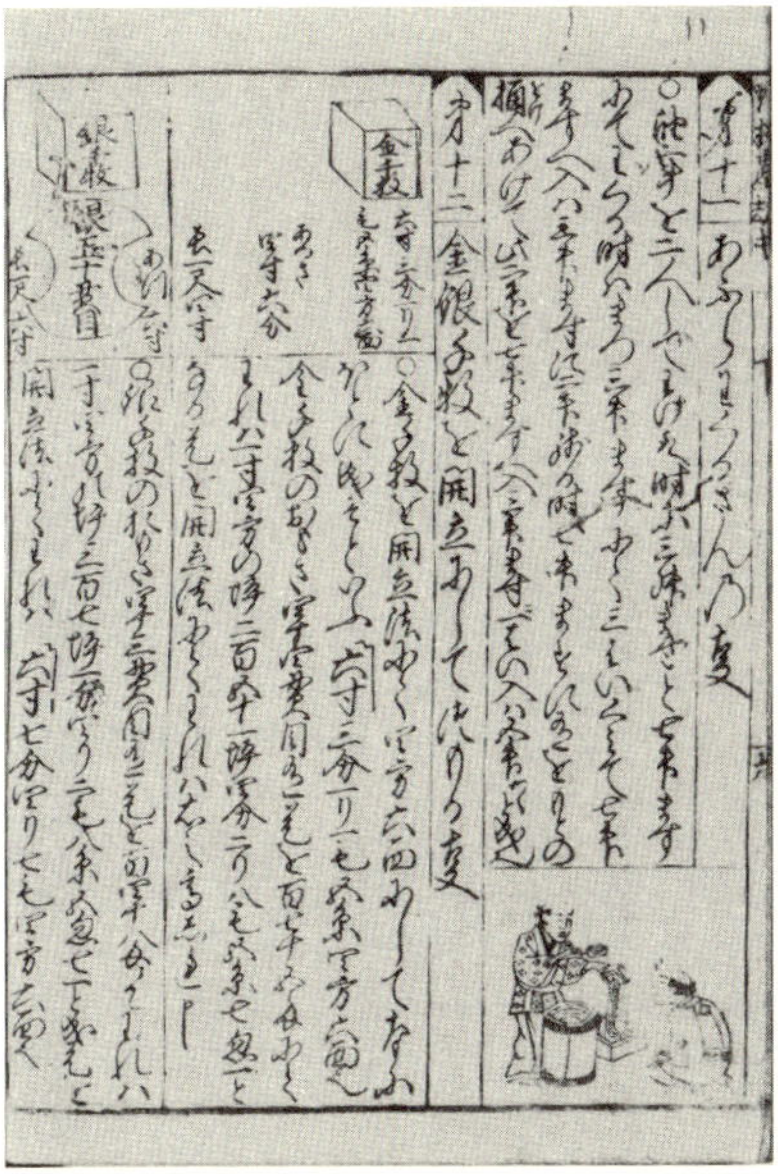
図19　『塵劫記』寛永11年版、下巻「油わくる算の事」

単位の数は江戸時代の実生活では必要なかったが、ソロバンを使って計算しながら数値感覚を磨くためには大きな数を取り扱うことが有効であった。また、「ねずみ算」や「日に日に一倍の事」（図18）の部分を学べば、今日でもマルチ商法に対する心構えを得ることできる。

『塵劫記』にはパズル的な問題も登場する。

油わけ算は「油一斗を三升枡と七升枡を使って二人で等分せよ」という問題である（図19）。一斗は十升であるので、三升枡と七升枡を使って油が五升になるようにせよという問題である。本文中の解答▲の他に、たとえば次のような解答がある。七升の枡に油を一杯にして、それを三升の枡に移し、それを元の一斗の容器にも戻す。さらに七升枡の残った油を三升枡に移し、それをさらに一斗の容器に戻す。すると七升枡には一升の油が残る。この残った油を三升の枡に移しておく。そこで、空になった七升枡に油を入れ、その油を三升枡に移すと、三升枡には一升の油が残されているので二升だけ油が三升枡に移り、五升が七升枡に残ることになる。

この他にもいろいろな解が考えられるので、読者も挑戦していただきたい。

もう一つ、からす算と呼ばれる問題を見ておこう。問題自体は簡単で、九九九×九九九×九九九の計算を行う問題である（図20）。初学者はソロバンで一所懸命計算して九億九千七百万二千九百九十九を得たであろう。かなりたいへんな計算である。計算が終わると先生はおもむろに九百九十九は千マイナス一であることを使うと簡単に計算できることを指摘したであろう。この問題で興味深いところは、次の問題が九九×九九×九九になっているところである。先生に、簡単な計算方法を学んだ後で、それを最初より少し簡単な問題を使って知識を確実なものにするように配慮されている。ときには難しい方を先にやって、印象深いところで易しい問題を解いて知識を確実なものにするという、現代に通用する教育理論の萌芽を見ることができる。

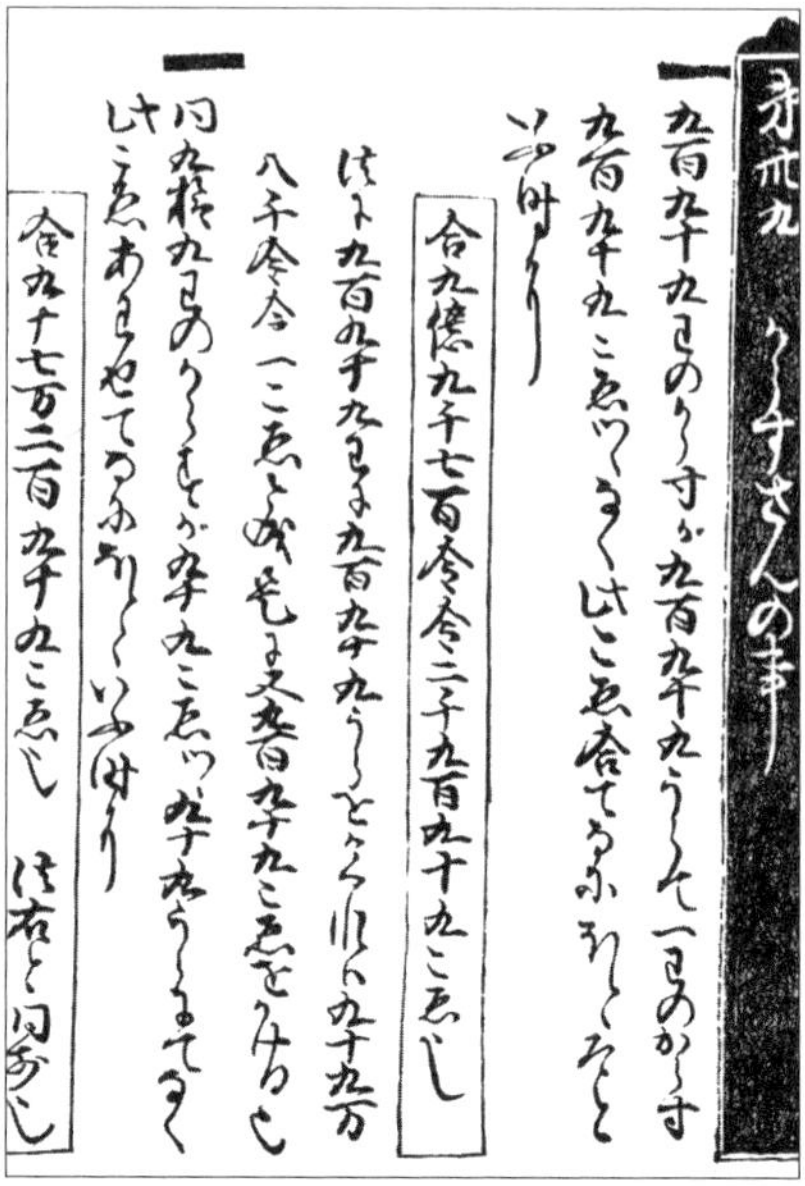

図20　『塵劫記』、「からす算の事」

遺題継承

『塵劫記』はこのように、たいへん優れた教科書であったので、刊行されるやいなやすぐに海賊版が出版された（図21）。海賊版の横行に手を焼いた吉田光由

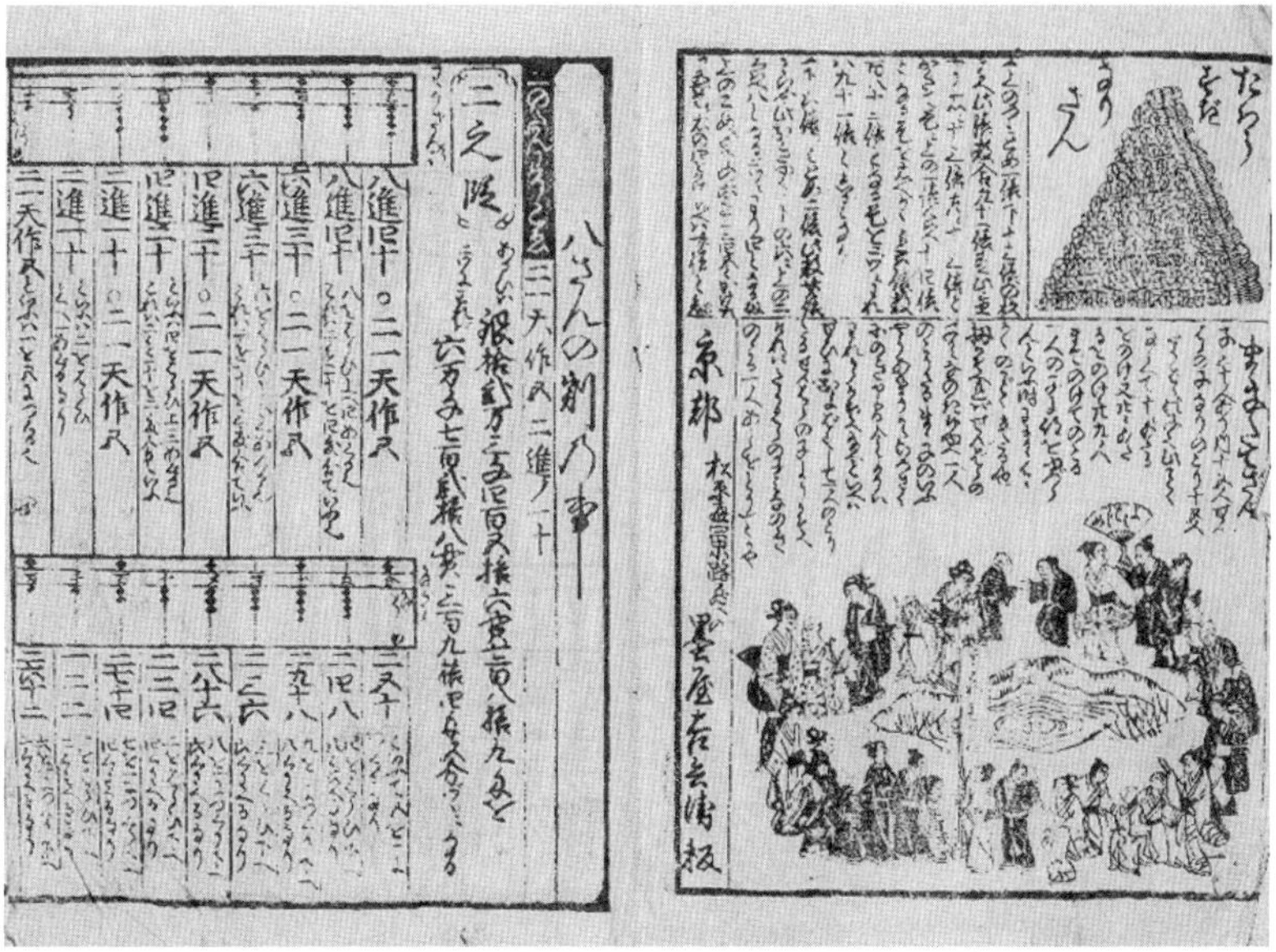

図21　『ぢんかう記』『塵劫記』のソロバンでの掛け算、割り算の部分を抜粋した海賊版であるが、それでも、継子立《ままこだ》てやねずみ算などの興味ある数学の問題を取り入れている。

は『塵劫記』を何度も改訂して出版した。寛永八年版、寛永十一年版、寛永十八年版などが有名であり、同じ年紀が記されても版の大きさや内容が異なる版があり、さらには吉田光由の花押が記された版も残されている。また、寛永八年版には墨、朱、藍の三度刷りをした、日本最初のカラー印刷版まである。

さらに、『塵劫記』を使って数学を教えるにわか教師も多数出てきた。こうした風潮に業を煮やした吉田光由は、寛永十八年に解答をつけない問題を載せた小型版『新編塵劫記』を刊行した（図22）。これは光由が刊行に携わった最後の版である。光由自身は、解答をつけない理由として、『塵劫記』を教科書に使って数学を教える人が急増しているが、本当に数学を教える実力があるかどうかはこれらの問題を解かせてみれば分かるから、そのためにこれらの問題を使えばよいと記している。しかし、これらの問題は難しく、初学者が塾の先生のところに持っ

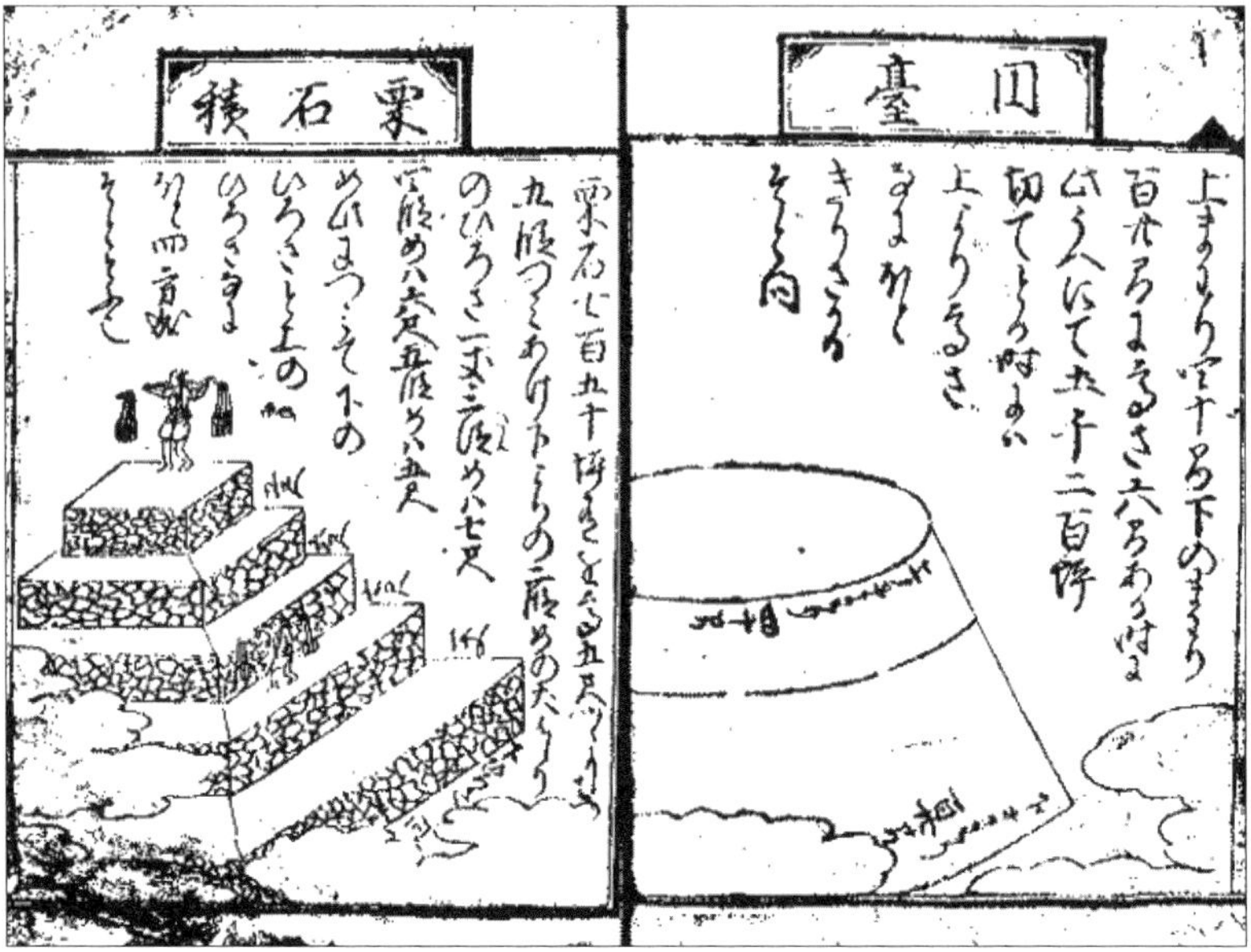

図22 『塵劫記』の遺題 『新篇塵劫記』三巻本、寛永18年版。

ていって問題を解いてもらったところで、その解答が正しいかどうかは判定できるはずもなかった。吉田光由は世の風潮にかこつけて、数学の奥深さを伝えたかったのだろうと推測される。

その後、この『新編塵劫記』の解答が記されていない問題に解答を載せ、さらに自身の新しい問題を作って載せた数学書が出版された。さらに、今度はその問題の解答を載せ、さらに新しい問題を載せた本が出版されるようになった。こうした解答を載せない挑戦問題を「好み」とか「遺題」とか呼ぶようになり、遺題を解いて新しい遺題を提出することが数学者の間で流行した（たとえば『改算記』▲『算法闕疑抄《さんぽうけつぎしょう》』▲。図23・24）。

これを遺題継承と呼ぶが、この習慣が江戸時代の数学の進展に大きく寄与するようになった。特に、礒村吉徳《よしのり》は『算法闕疑抄』を刊行し、それまでの遺題をすべて解くとともに、新たに遺題百問を提出した。この遺題は佐藤正興《まさおき》著『算法根源記』（寛文九年（一六六九））が解き、

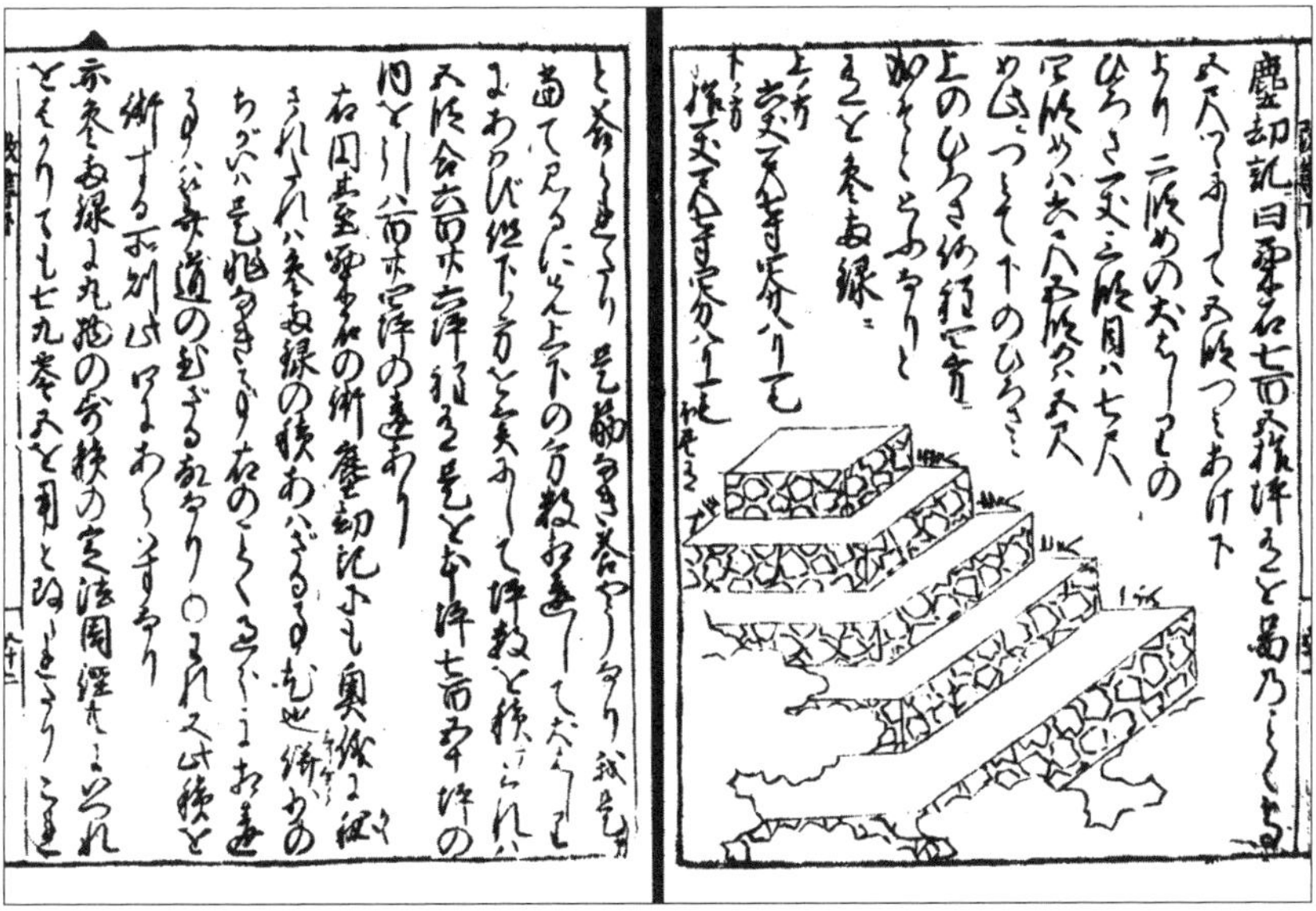

図23　『改算記』による吉田光由の遺題の解答

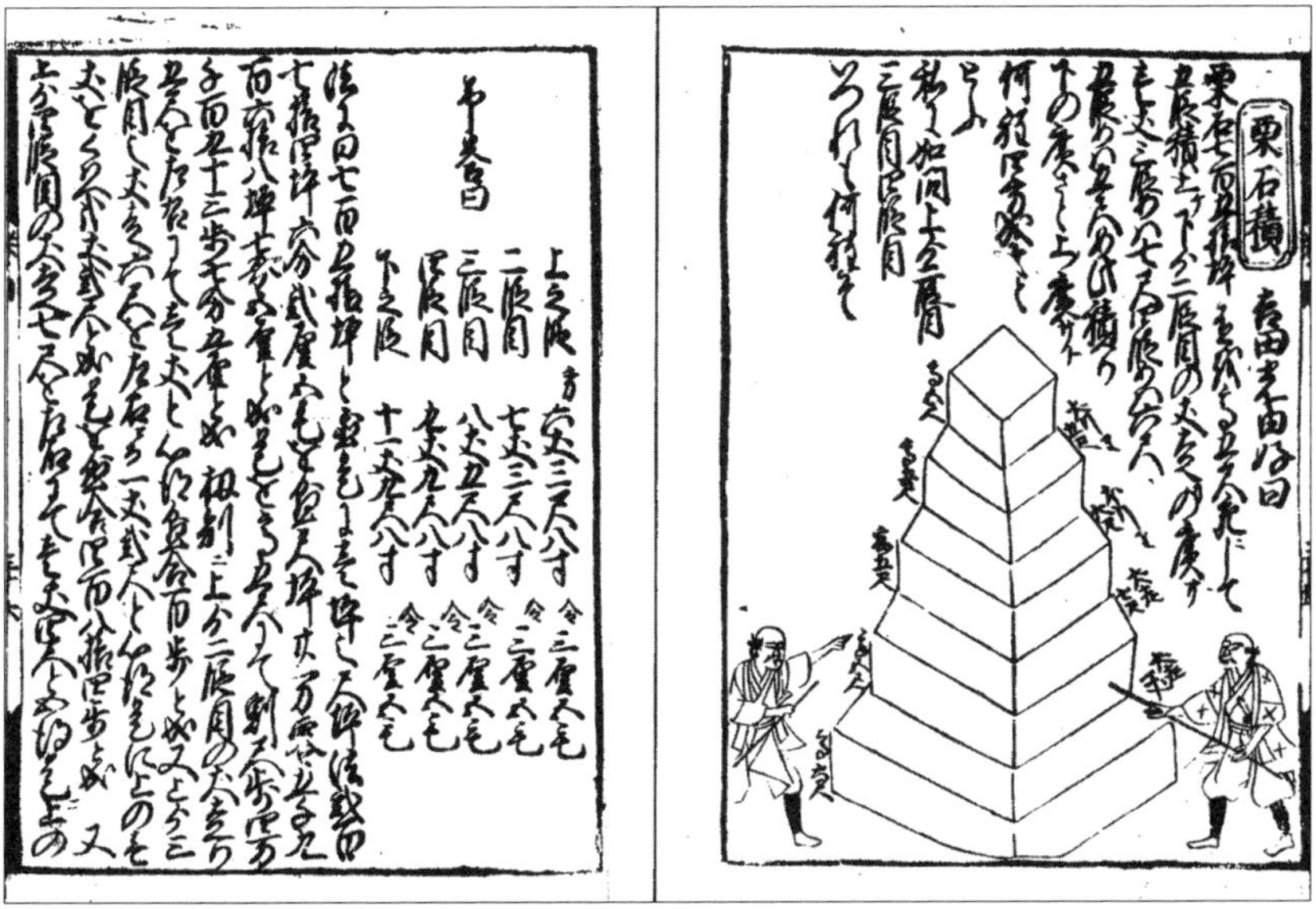

図24　『算法闕疑抄』による吉田光由の遺題の解答

さらに新たに遺題百問が提出され、この遺題は（寛文十一年（一六七一））に沢口《さわぐち》一之《かずゆき》▲『古今算法記《ここんさんぽうき》』によって解答が与えられ、沢口一之はあらたに遺題十五問を提出した。この遺題は関孝和によって解かれたが、そのためには新しい数学が誕生する必要があった。

『改算記』 山田正重によって万治二年（一六五九）に出版された数学書。それまでの数学書の誤りを訂正したとして「改算記」と称した。『塵劫記』に次いで広く読まれた。

『算法闕疑抄』 礒村吉徳《よしのり》によって万治二年（一六五九）に出版された数学書。礒村吉徳はさらに貞享元年（一六八四）に増補版『頭書算法闕疑抄』を出版している。

沢口一之 生没年不詳。十七世紀後半に大坂で活躍した数学者。天元術を日本で初めて正しく理解した数学者として知られている。『古今算法記』を出版した。後に関孝和に弟子入りしたとの伝承があるが、疑わしい。

三▶日本独自の数学を作った関孝和

『塵劫記』以来、江戸時代の数学は中国数学の伝統を受け継ぎ、それを学び吸収する形で発展してきた。そこで大きな力を発揮したのが遺題継承の伝統であった。しかし、問題そのものはほとんど初等数学の域を出ず、今日の中学校の数学のレベルを越えることはなかった。そのような状況を一気に乗り越えて、江戸時代の数学をいきなり研究者レベルの数学に引き上げたのが関孝和であった。

『算学啓蒙』

遺題継承を通して江戸時代の数学は中国伝統数学を取り入れて少しずつ進歩してきたが、こうした流れに決定的な影響を与えたのが、元の時代に朱世傑《しゅせいけつ》によって著された『算学啓蒙』であった。『算学啓蒙』はその名のとおり数学の啓蒙書ではあったが、最後の章「開方釈鎖《かいほうせきさ》門《もん》」で、金の時代に北中国で独自の発展を遂げた方程式論を使って問題が解かれていた。この方程式論は後に天元術と呼ばれるが、今日の言葉を使えば、xを使って方程式を立てて問題を解く方法のことである。それ以前は図1にあるように、方程式は算盤《さんばん》上に算木を置いて表現され解かれていた。天元術は算木と算盤を用いずに紙の上に算木に倣った記号を使って方程式を記述する方法であった。しかしながら『算学啓蒙』も『九章算術』同様に問題集の形で数学が記され、理論に関する解説はなかったので、『算学啓蒙』を読んで天元術を理解することは難しかった。すでに万治元年（一六五八）に久《ひさ》田《だ》玄哲《げんてつ》と土師《はじ》道雲《どううん》は『算学啓蒙』に訓点をつけて刊行しているが、彼らは天元術を理解できていなかったようである。

『算学啓蒙』は不思議な運命をたどっている。元時代の数学者、朱世傑《しゅせいけつ》が著した序文には大徳己亥（一二九九年）の年紀が記されている。天元術は元代の暦、授時暦を作るために用いられた。しかし、明代になると天元術を理解できる数学者は中国では皆無になってしまった。明の太祖は多くの知識人、官僚を虐殺したことで知られているが、天元術を理解していた人はすべて殺されてしまったのが原因と思われる。その結果、『算学啓蒙』は中国では失われてしまった。しかし、朝鮮に『算学啓蒙』は輸入され、ハングルを制定したことで知られる世宗《セジョン》大王（一三九七—一四五〇、在位一四一八—五〇）は数学にも興味を持ち、数学者に『算学啓蒙』の講義をさせたことが記録に残されている。それだけでなく、『算学啓蒙』の再刻を命じ、銅活字を使って朝鮮で再版された（図25）。再刻された『算学啓蒙』は日本に輸入されていたようである。久田玄哲と土師道雲が訓点をつけて刊行した『算学啓蒙』は京都の東福寺にあった本によったと伝えられている。東福寺は現在でも元代の刊行物を多数収蔵しており、もしかすると久田たちが見た『算学啓蒙』は元で出版されたものであったかもしれないが、現在は所在が確認されていない。後に述べるように、沢口一之もまた、東福寺不二庵《ふじあん》にある『算学啓蒙』を見て天元術を理解したと伝えられている（図26）。

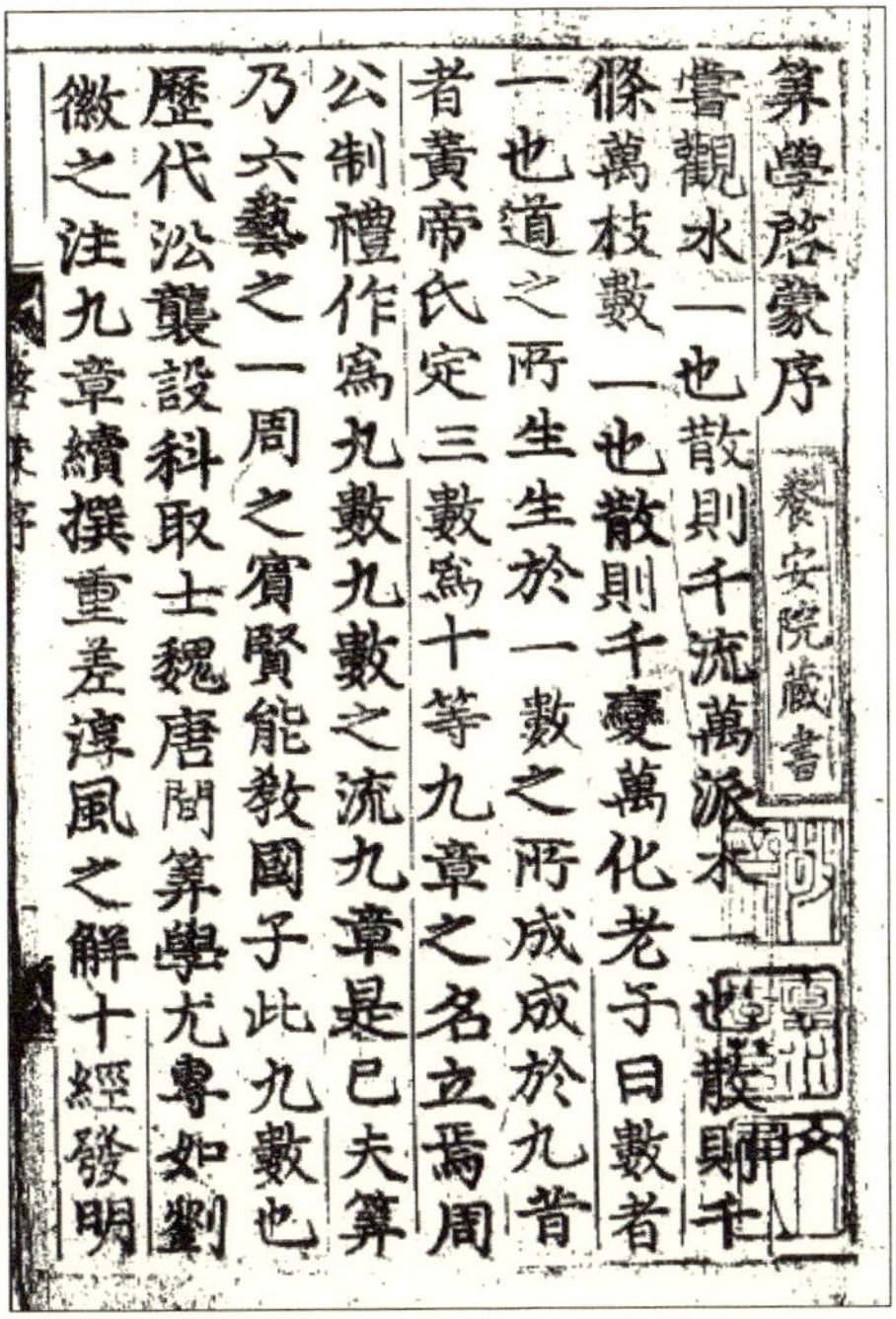

図25　銅活字版『算学啓蒙』　筑波大学附属図書館蔵の『算学啓蒙』は銅活字版であり、「養安院蔵書」の印が押されている。養安院は医者曲直《まな》瀬正琳《せしょうりん》（1565-1611）の号。曲直瀬正琳は宇喜多秀家夫人の奇病を治し、その褒美として朝鮮から略奪した書籍千巻を秀吉から下賜された。そのなかにこの『算学啓蒙』が含まれていた可能性がある。ただし、養安院の号は曲直瀬家の医者が代々使っていたので、確実ではない。

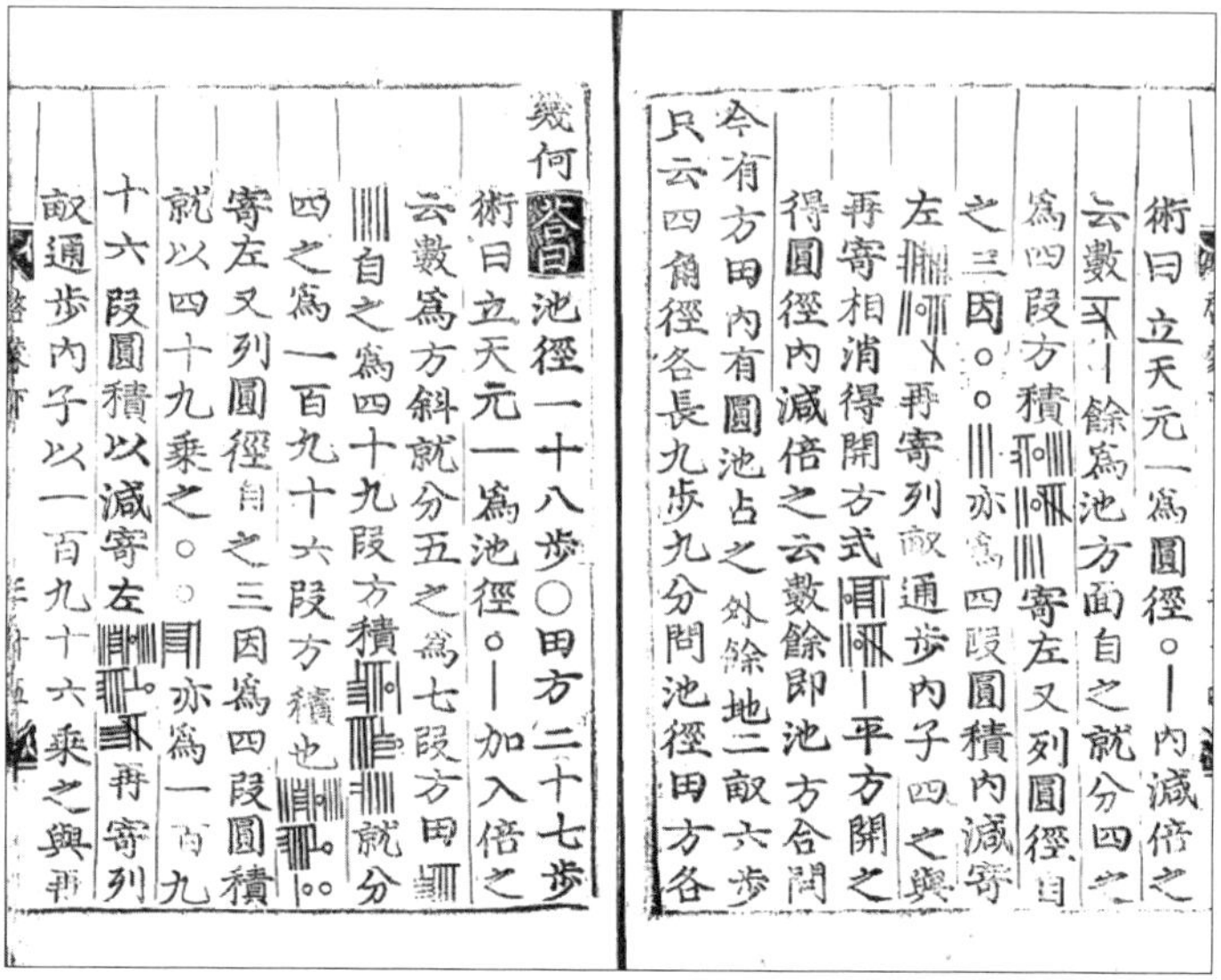
術曰立天元一爲圓徑。內減倍之
云數餘爲池方面自之就分四之
爲四段方積寄左又列圓徑自
之三因。亦爲四段圓積內減寄
左再寄列畝通步內子四之與
再寄相消得開方式平方開之
得圓徑內減倍之云數餘即池方合問
今有方田內有圓池占之外餘地二畝六步
只云四角徑各長九步九分問池徑田方各
幾何 答曰池徑一十八步 田方二十七步
術曰立天元一爲池徑。加入倍之
云數爲方斜就分五之爲七段方田
自之爲四十九段方積就分
四之爲一百九十六段方積也
寄左又列圓徑自之三因爲四段圓積
就以四十九乘之。亦爲一百九
十六段圓積以減寄左再寄列
畝通步內子以一百九十六乘之與再

図26 『算学啓蒙』天元術による解法 「術曰立天元一為円径（術に曰く、天元の一を立てて円径と為す）」という文が右側の頁にある。その下や以降にある棒を縦横に並べた記号（算木記号）が式を表している。左の頁には「術曰立天元一為池径（術に曰く、天元の一を立てて池径と為す）」がある。

沢口一之

『算学啓蒙』に記された天元術を正しく解読したのは大坂の数学者、沢口一之であった。彼は東福寺不二庵にあった『算学啓蒙』を読んで天元術を理解したと伝えられている。天元術と呼ばれるのは、たとえば今日では円の直径をｘとおいて方程式を立てることを「立天元一為円径（天元の一を立てて円径と為す）」と宣言して方程式を立てたことに由来する。沢口以前の数学者はこの「天元一」の意味を理解することができなかった。寛文十一年（一六七一）に沢口一之は『古今算法記』（図27）を出版し、そのなかで『算法根源記』の遺題を天元術を使って解いた。さらに『古今算法記』の最後に自ら遺題十五題を提出した（図28）。この遺題は、すでに述べたように、『塵劫記』から始まる遺題継承の流れのなかにあった。

沢口一之の『古今算法記』の遺題は解くのがたい

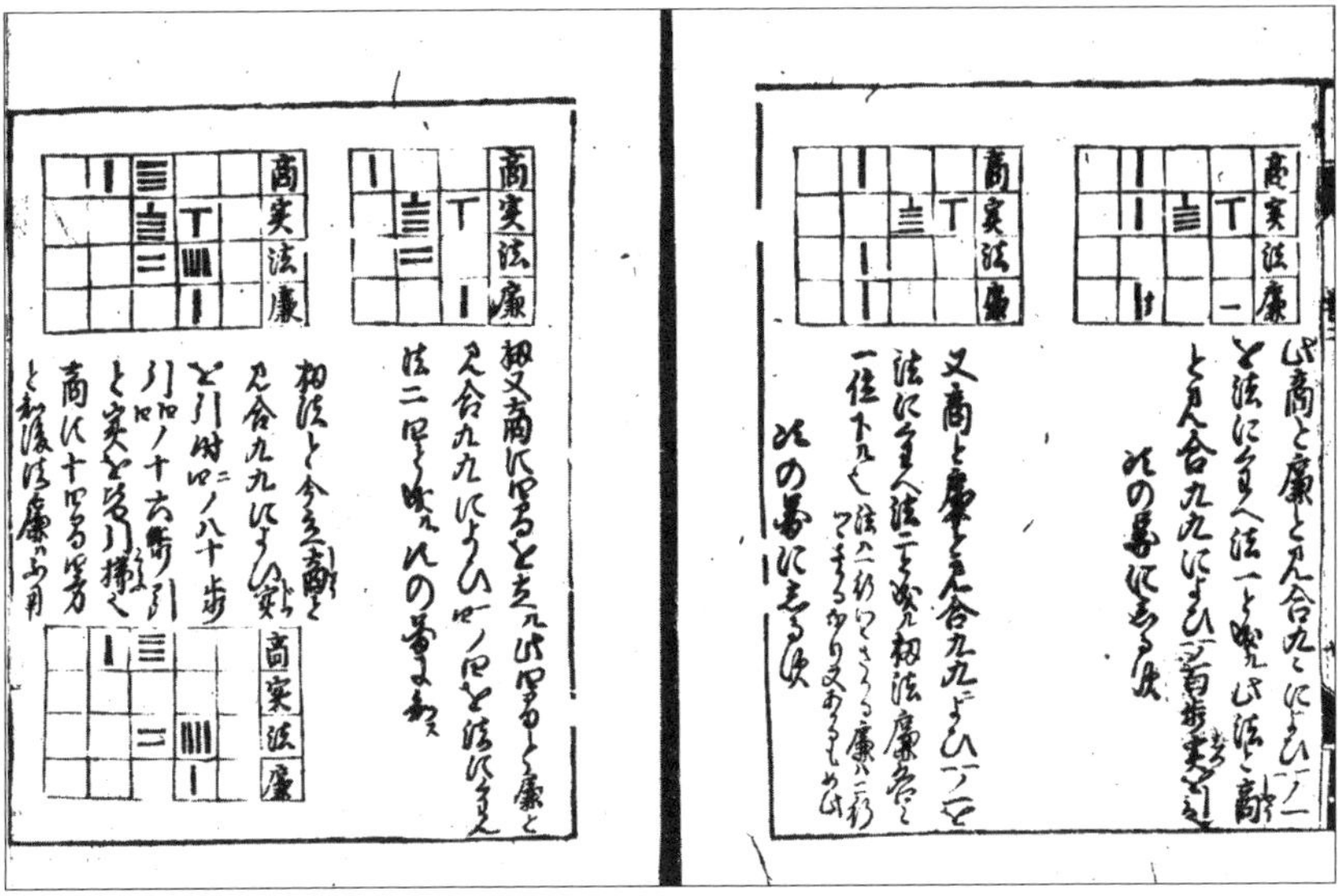

図27 『古今算法記』巻二　２次方程式の算木を使った解法の解説。『古今算法記』は沢口一之による数学全般にわたる解説書。その最後の巻に遺題が載せられた。

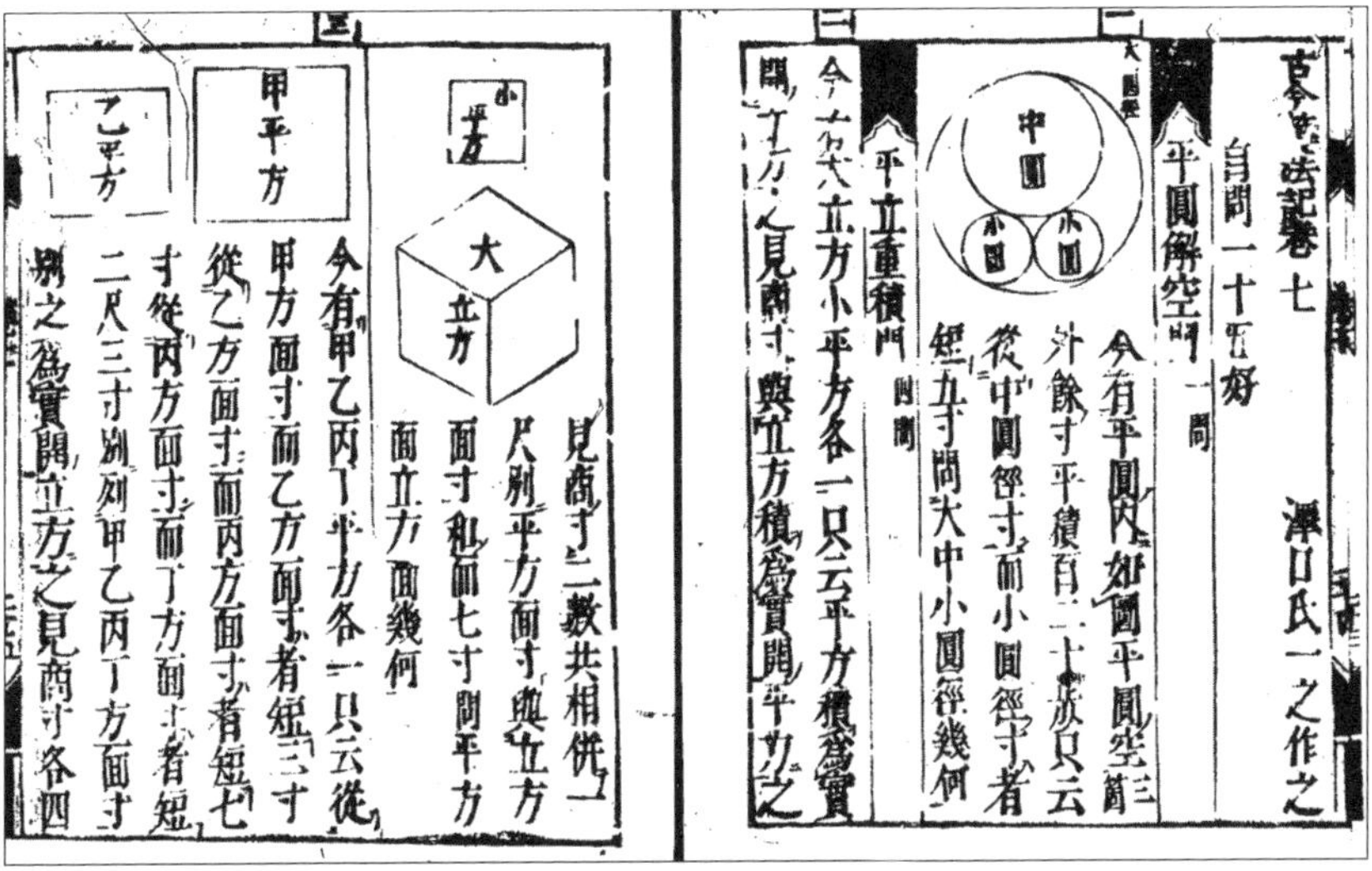

図28 『古今算法記』の遺題　１番から３番。

へん難しかった。それは、それまでの遺題と違って一変数の方程式を使っては解くことのできない問題であったからである。沢口一之がこれらの問題を解くことができたかは疑問視されている。

この難題を解いたのが関孝和である。関はそれまで一変数の方程式しか記述することができなかった天元術を拡張して、何変数の方程式でも書くことのできる記述法（傍書法と呼ばれる）を創案し、沢口の遺題を解くことに成功した。後に変数を消去する一般論も構築した。

関孝和

関孝和の生年月日は知られていない。それは後述するように関家が断絶してしまったことによる。関孝和は内山永明《ながあきら》の次男として生まれ、新助と称し、関家に養子に行った。孝和の兄は内山長貞《ながさだ》、弟が二人、内山永行《ながゆき》、永章《ながよし》である。徳川幕府の公式記録によると孝和の父、内山永明は正保三年（一六四六）に亡くなったことになっているが、別の資料で孝和の末弟の永章は一六六一年に生まれたことになっていて、記録に矛盾がある。

従来、関孝和の生年は寛永十九年（一六四二）とされ、記念切手にもそのように記されているが、これは全く根拠がない。ニュートンの生まれたのが一六四二年十二月二十五日（イギリスでは当時まだユリウス暦が使われていた。現在の暦、グレゴリオ暦では一六四三年一月四日にあたる）であるので、ニュートンの生年に合わせたというのが真相のようである。

最近、これまで発表されたことのなかった『甲府分限帳』が見つかり、そのなかに、関孝和の年齢に関して、元禄十四年（辛巳、一七〇一）五十七歳という記録があり、それによれば正保二年（一六四五）生まれということになる。しかし、分限帳の報告者によれば、生年月日が明らかな人物の年齢がこの分限帳では三歳ずれている場合があったとのことで、記録の確実性には疑問が残る。おそらく、記録をとった時点と、分限帳として仕上げた時点とで何らかの原因で誤差が生じたのであろう。しかし、なによりも最大の問題点は、この分限帳やそのコピーが一般に公開されておらず、報告者と持ち主しか見たことがないという状況では、学術的にこの記録をそのまま採用することができない、ということである。ただ、この記録はこれまで知られていなかった事実を語っているので、それを少し紹介したい▲。

関新助は武蔵で生まれ、養父は江戸詰の甲府藩士、関十郎右衛門《じゅうろうえもん》。寛文五年（一六六五）養父が亡くなり跡目を継いだ。役職は小十人組《こじゅうにんぐみ》▲御番であり、元禄五年（一六九二）に卸賄頭、元禄十四年（一七〇一）に御勘定頭になっている。これま

この記録は……　真島秀行「関新助孝和の履歴について」（『数学史研究』二〇四号、二〇一〇年）三六―三七頁。

小十人組　将軍や藩主およびその嫡子の護衛・警備を役目とする役職。

でも寛文五年に養父の跡目を継いで甲府藩士になったことは知られていたが、役職は漠然と勘定方と考えられてきた。しかし、跡目を継いだのが、小十人組という、警備担当係であったとすると、関孝和は数学の才能を見込まれて養子になったわけでもなく、また養父の役職の関係で数学を学習したわけでもなかったことになる。

関孝和がどのようにして数学を学んだかについては、孝和の没後三十年ごろに書かれた随筆集『武林隠見録』（著者はペンネームで斉東野《せいとうや》人《じん》と称している）に「関新助算術に妙有事」と題する一文があり、関孝和の数学学習に関する伝説が記されている。

何人かの藩士が『塵劫記』を見ているところに若い関孝和が通りかかり、興味を持ったので借りて読むとたいへん面白かったので、それ以降いろいろな算書を集めて読んだが、どれも理解できた。その後『算学啓蒙』を熟読して、天元の一を理解し、数学上のさまざまな工夫をするようになり、数学のみならず、測量術、暦学、天文にも通暁するようになった。

そのころ、奈良のお寺に仏書に混じって医書でも儒書でもない不思議な本があるという噂を聞いて、それは算書に違いないと確信した関孝和は、奈良に出かけ、この本を写して江戸に戻り、三年かけて解読し、それ以降、古今無類の名人にな

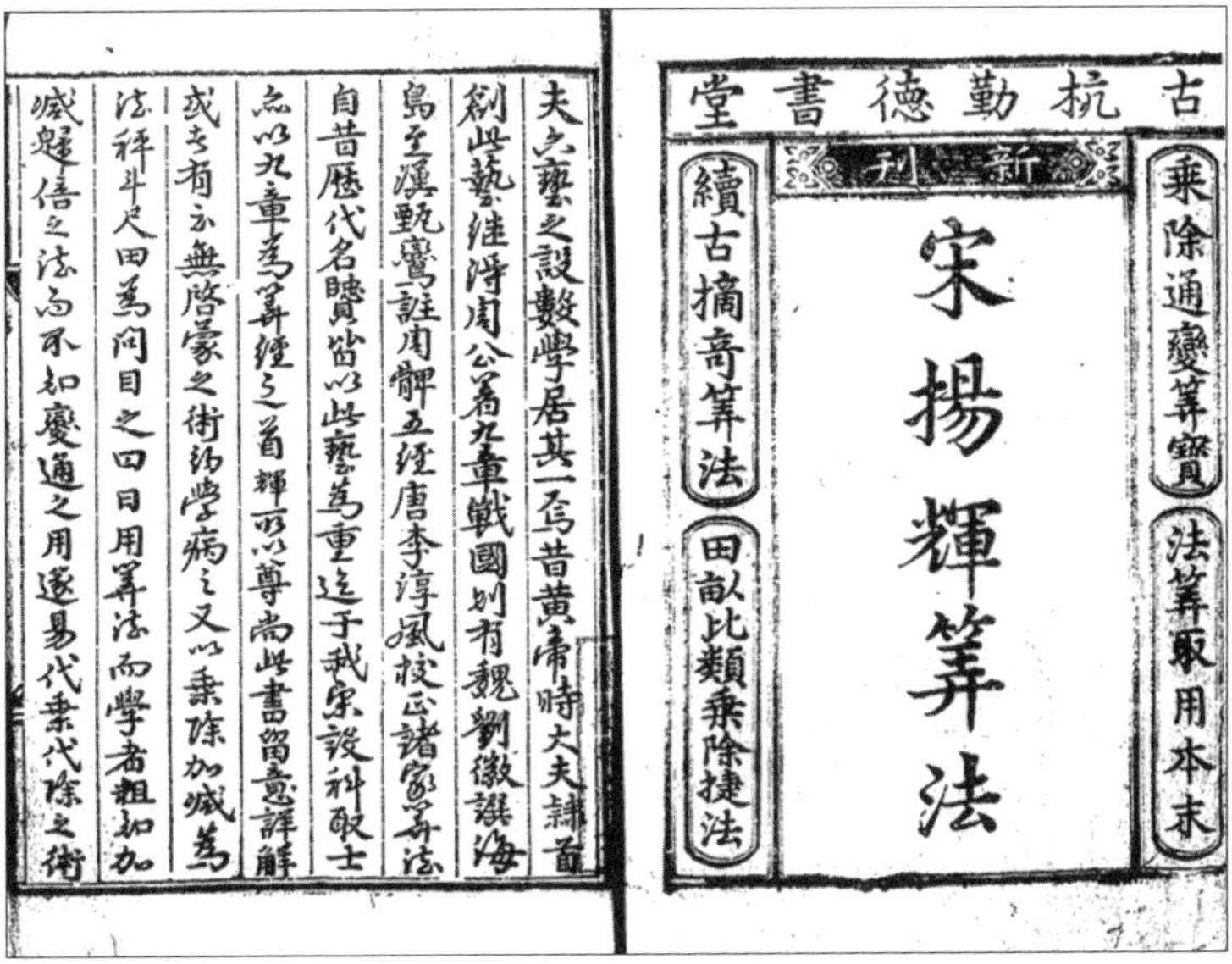

図29　朝鮮再刻『楊輝算法』　表紙と最初の頁。

った。

　というのがその前半の粗筋である。これをそのまま信用することはできないが、何らかの真実を語っているように見える。『算学啓蒙』を学んだことは間違いない。また、奈良まで行って算書を写したかどうかは分からないが、関孝和が『楊輝《ようき》算法《さんぽう》』を完璧なまでに学習したことは確かである。後年、関孝和は『楊輝算法』の改訂版と称すべき浄書本を作成している。

　『楊輝算法』は南宋の楊輝が著した四篇の数学書を、明代にまとめて一書として出版したものである。中国ではこの書も失われたが、朝鮮に輸入されており、世宗《セジョン》大王の時代に、これも翻刻して出版された（図29）。江戸時代には朝鮮版の『楊輝算法』が何冊かあったようであるが、こちらの方は写本として流通しただけで、日本で出版されることはなかった。『楊輝算法』は初等的な本とよく言われるが、実際には、速算法が記されている最初の部分では、整数や小数の面白い性質がいくつも記されていて、たいへん興味深い内容になっている。さらに、『算学啓蒙』に記された天元術が生まれる前の算木を使った方程式の解法が、算木の動きを図示した形で記されており、天元術を理解する助けになったことも考えられる。『楊輝算法』を熟読することによって、関孝和は数学の研究にさまざまなヒントを得たと思われる。

朝鮮版の『楊輝算法』には重大な錯簡があった。頁途中で別の箇所の文章の一部が混入し、意味不明の箇所がある。明で出版されたときから錯簡があった可能性が大きい。関孝和はこの錯簡を直し、かつ本文中の解法の間違いも直している。それのみならず、四篇の本の並びも入れ替えて編集しなおしている（図30・31）。これらのことからも、関孝和が『楊輝算法』を自家《じか》薬籠中《やくろうちゅう》のものとしていたことが見て取れる。

寛文十一年（一六七二）に出版された『古今算法記』の遺題に対する解答書として『発微《はつび》算法《さんぽう》』を関孝和は出版した。序文の年紀は延宝二年（一六七四）十二月十四日となっているので、この年かあるいは翌年早くに出版されたものと思われる。『発微算法』の出版に関孝和は積極的であったようには思われない。序文でも、『古今算法記』の遺題を解いたものの筐底《きょうてい》に隠していたが、弟子たちが出版するようにと言うので仕方なく出版すると書いている。謙遜して書いたというより、それが本心であったように思われる。なぜならば、通常の本と違って、

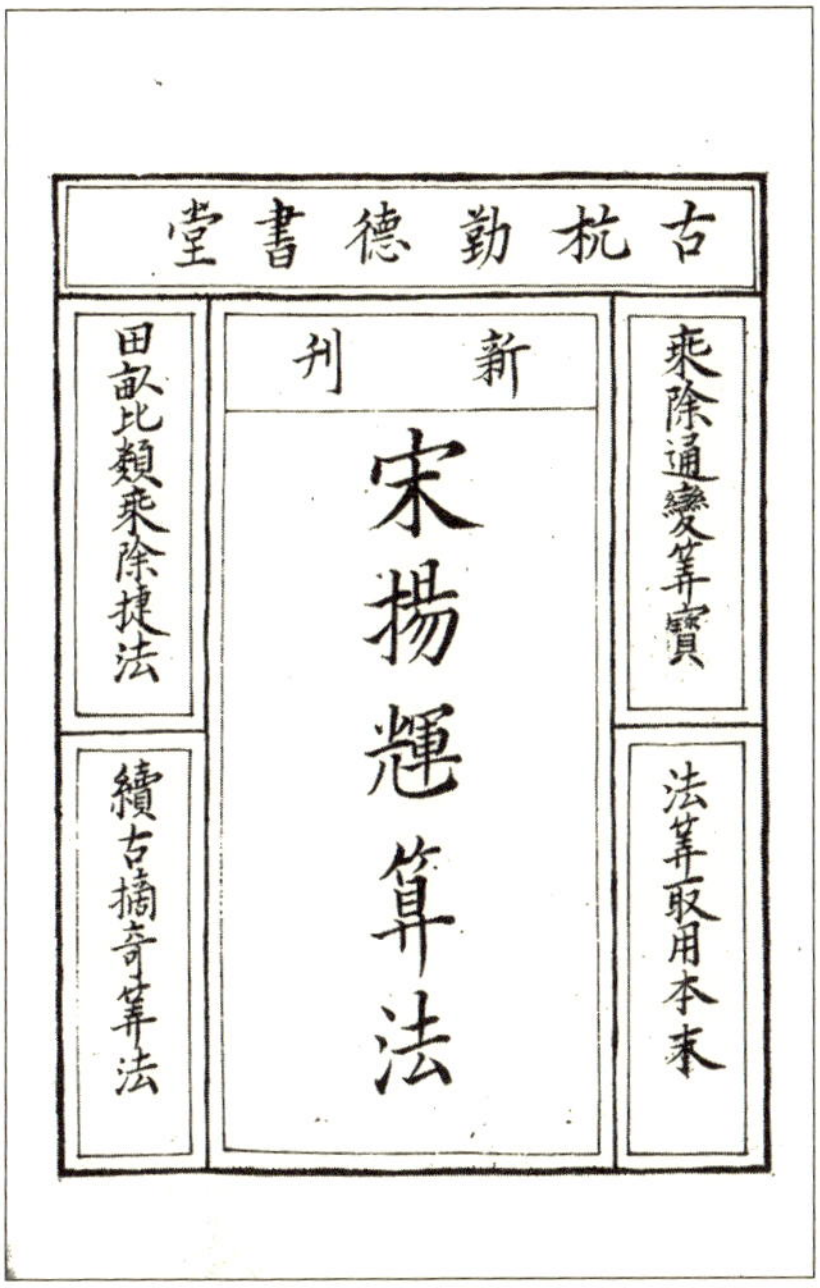
古杭勤德書堂
新刊
宋楊輝算法
乘除通變算寶
法算取用本末
田畝比類乘除捷法
續古摘奇算法

図30　関孝和編『楊輝算法』の表紙　関孝和が浄書した『楊輝算法』は、朝鮮再刻版に倣いながら収録する順番を変えている。

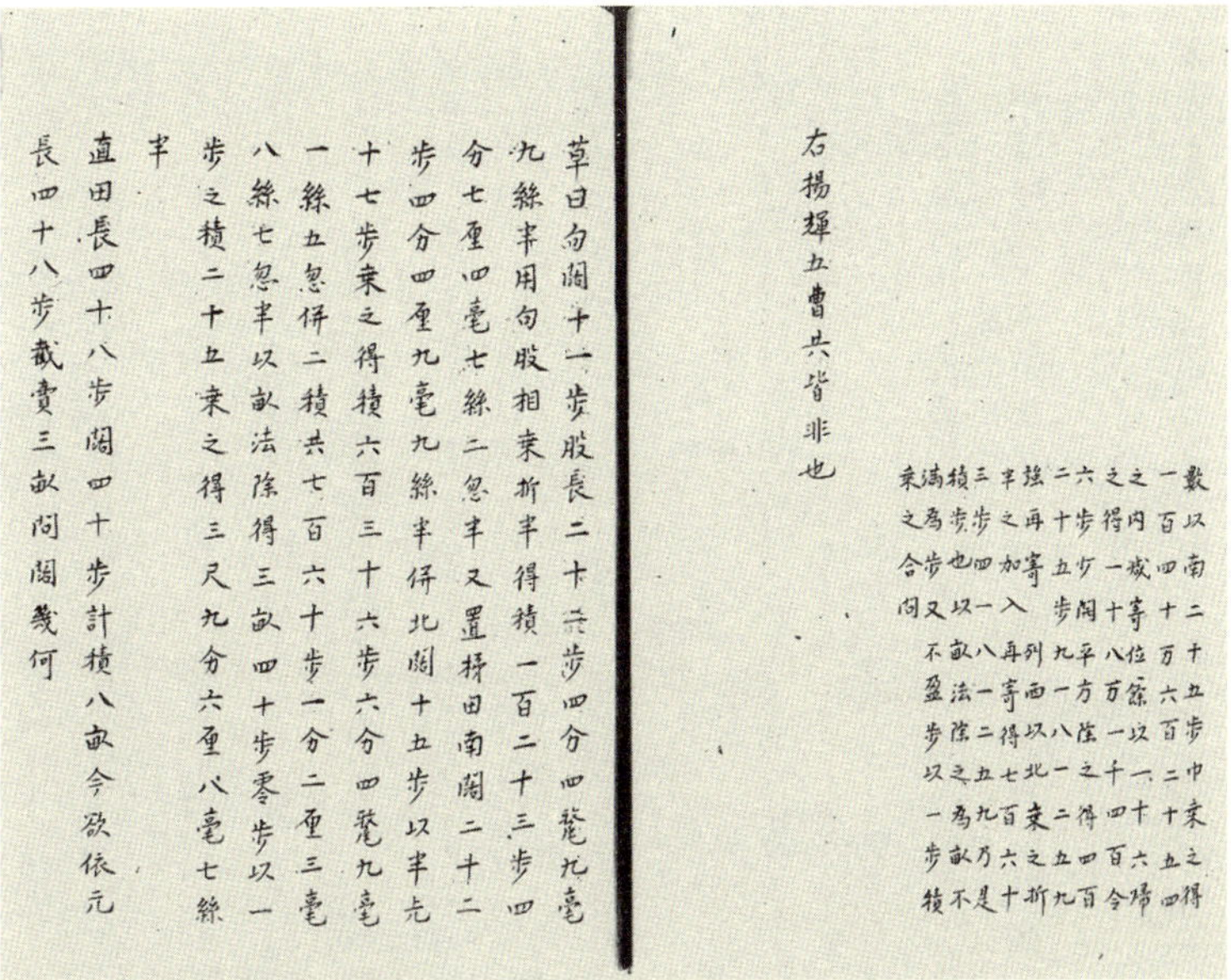
右楊輝五曹共皆非也

草曰句闊十一歩股長二十三歩四分四釐九毫
九絲半用句股相乘折半得積一百二十三歩四
分七厘四毫七絲二忽半又置梯田南闊二十二
歩四分四厘九毫九絲半併北闊十五歩以半先
十七歩乘之得積六百三十六歩六分四釐九毫
一絲五忽併二積共七百六十歩一分二厘三毫
八絲七忽半以畝法除得三畝四十歩零歩以一
歩之積二十五乘之得三尺九分六厘八毫七絲
半
直田長四十八歩闊四十歩計積八畝今欲依元
長四十八歩截賣三畝問闊幾何

図31　関孝和編『楊輝算法』　関孝和による訂正。「右楊輝五曹《ようきごそう》共皆非也」と右の頁に記した後に、左の頁「草曰」以下に正しい解答を記している。

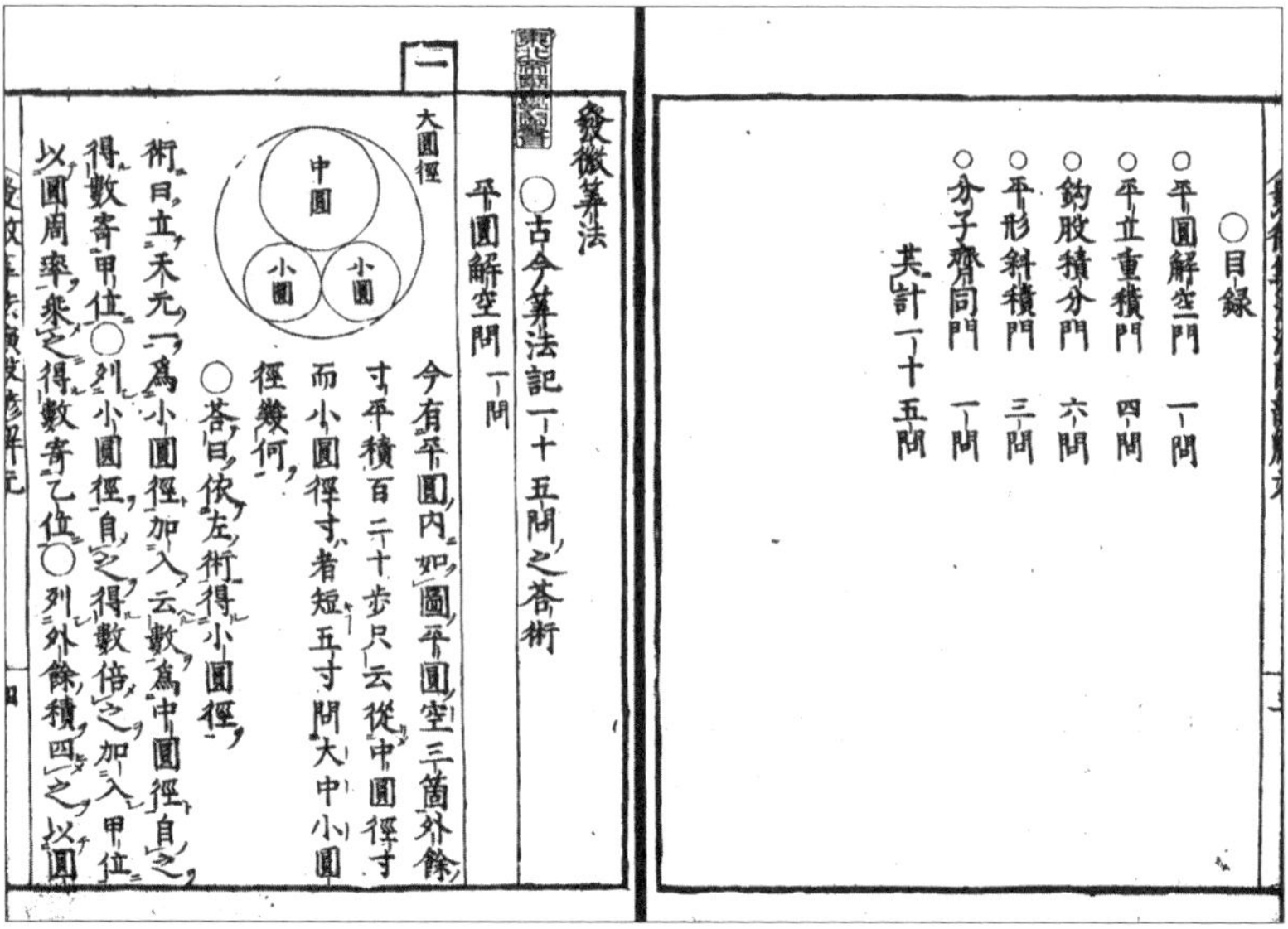

図32 『発微算法』 本文の冒頭部分。左から4行目に「答曰依左術得小円径（答えて曰く、左の術によって小円の直径を得る）」とある。左の術に記されている方程式は6次式である。

『発微算法』は骨と皮だけの内容しかないからである。読者に対するサービスどころか、どのように考えて問題を解いたかの説明も、ましてや自分の新しい理論を説明することもない。『九章算術』の形式を踏襲して書かれているが、『古今算法記』の問題文と、「術曰」の後は続く文には、沢口一之の遺題の解答を求めることができる方程式が言葉で書かれているだけである。その方程式がどのようにして導き出されたかは一切記されていない。また、「答曰」の部分は、「術曰」に記した方程式の解が答えであると記すだけで、答えの数値は記されていない（図32）。関孝和から直接説明を受けることのできた弟子たちはともかくとして、一般の読者は全く理解することはできなかったと思われる（図33）。そのため、関孝和の解答は間違っていると主張する書籍まで出版された。それでも平然としている関孝和に弟子たちはたまりかね、一番弟子であった建部《たけべ》賢弘《かたひろ》▲が『発微算法演段諺解《げんかい》』を貞享二年（一六八五）に出版し、関孝和の考案した傍書法

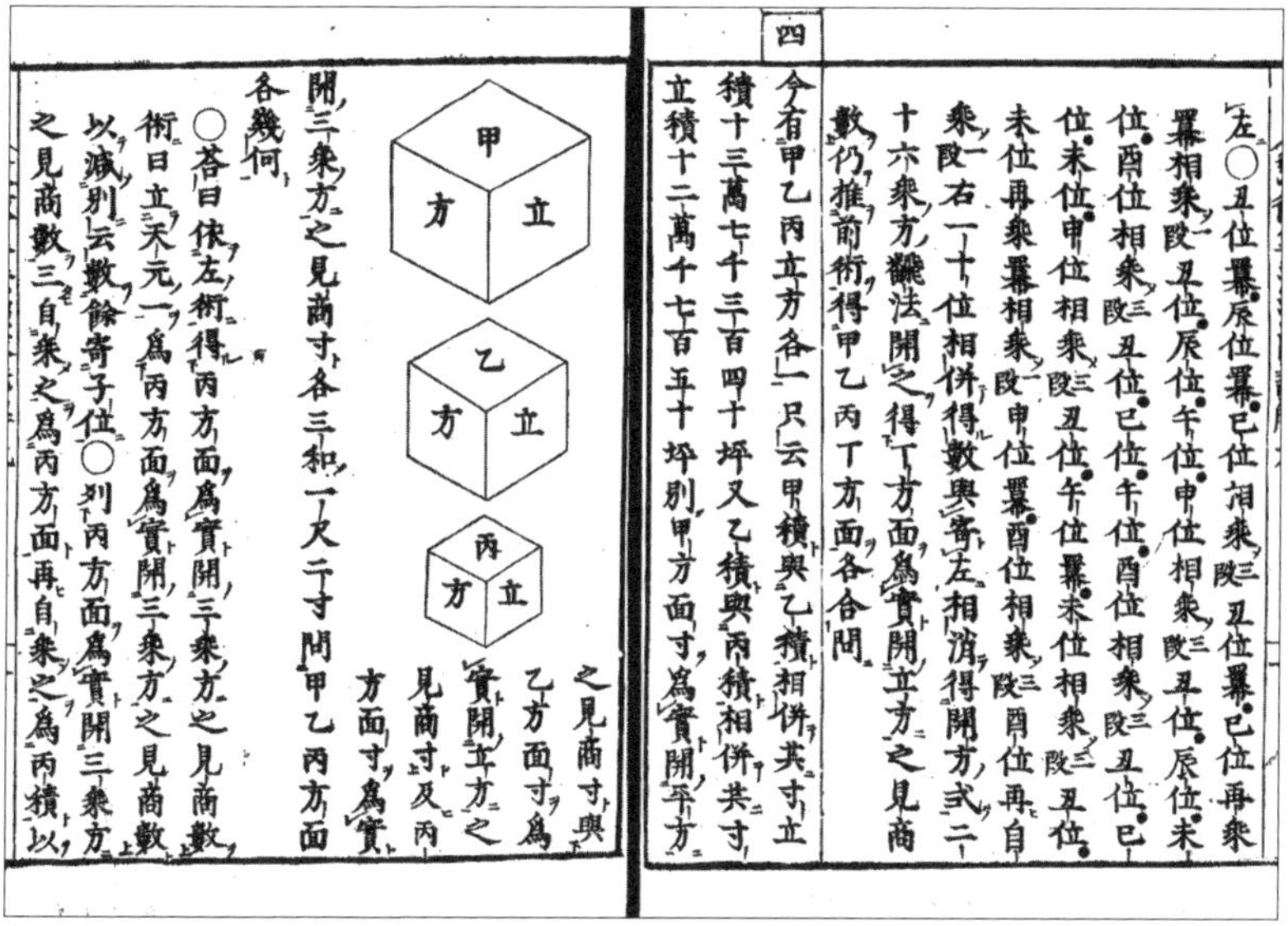

図33 『古今算法記』の第４遺題の『発微算法』での解答の冒頭部分。

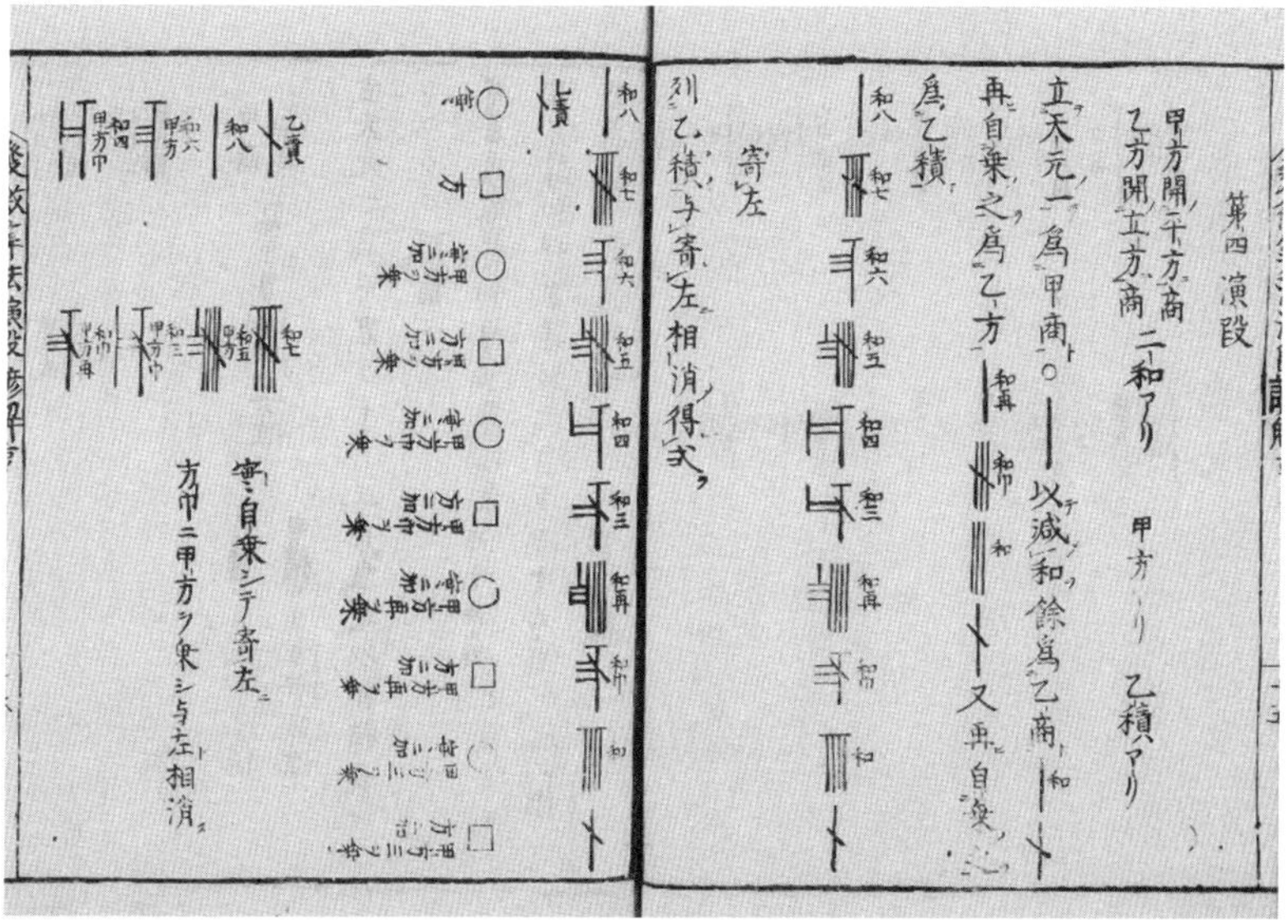

図34 『発微算法演段諺解』 第４遺題の関孝和による解法の説明。算木記号の横に「和八」とか「和七」とか記されているのが傍書法による式の記法。「和八」は和を未知数としてその９乗をとることを意味する（現代の用法と１ずれている）。

建部賢弘　一六六四―一七三九年。一六七六年、兄の賢明《かたあきら》とともに関孝和に入門し、数学の才能を発揮し、関孝和の数学の解説書を出版した。後に将軍吉宗の信頼を得て、天文、暦算に関する顧問的な役割を果たした。逆正弦関数の2乗のテイラー展開を世界で初めて得たことでも有名。『綴術算経』は将軍吉宗に献上した数学書で、吉宗が読んだことが知られている。

ライプニッツ　一六四六―一七一六年。ドイツ、ライプツィヒ出身の万能の学者。哲学者、数学者、科学者として広い分野で活躍した。数学ではニュートンと並んで微積分学の創始者として有名。

を使って、『古今算法記』の遺題を解く方法を具体的に示した（図34）。これによって初めて関孝和の数学が理解されるようになった。

関孝和がめざした数学は時代を超越していた。彼は漢字文化圏のなかで、初めて一般論の重要性を認識し、一般論を構築した数学者であった。関孝和以前の数学者であれば、多未知数の方程式を記述する方法を見出し、それで『古今算法記』の遺題を解くことができれば、満足してそれで終わったと思われる。しかし、関孝和は、単に『古今算法記』の問題を解くだけでは満足しなかった。彼はどのような問題に対しても解を求めることができる方法を探求した。今日の言葉を借りれば、二未知数の高次連立方程式が二つ与えられたときに、未知数を消去して未知数一つの方程式を作る一般的な方法（今日、消去法とよばれる）を探求した。『発微算法』を執筆した時点で彼が消去法の理論を完成していたかどうかは不明であるが、『発微算法』の出版からそれほど年月をおかないで、一般論を完成させたようである。ヨーロッパでは関孝和から八十年後になって、関孝和と同等の理論がフランス人数学者ベズーによって初めて作られた。関孝和は消去の一般論を作る過程で、行列式の理論を作って、消去の理論に応用した（図35）。行列式の理論と消去法は関孝和と同時代のドイツ人ライプニッツも考察していた。ライプニッツも行列式の理論はほぼ完成させることができたが、消去法の理論は未完

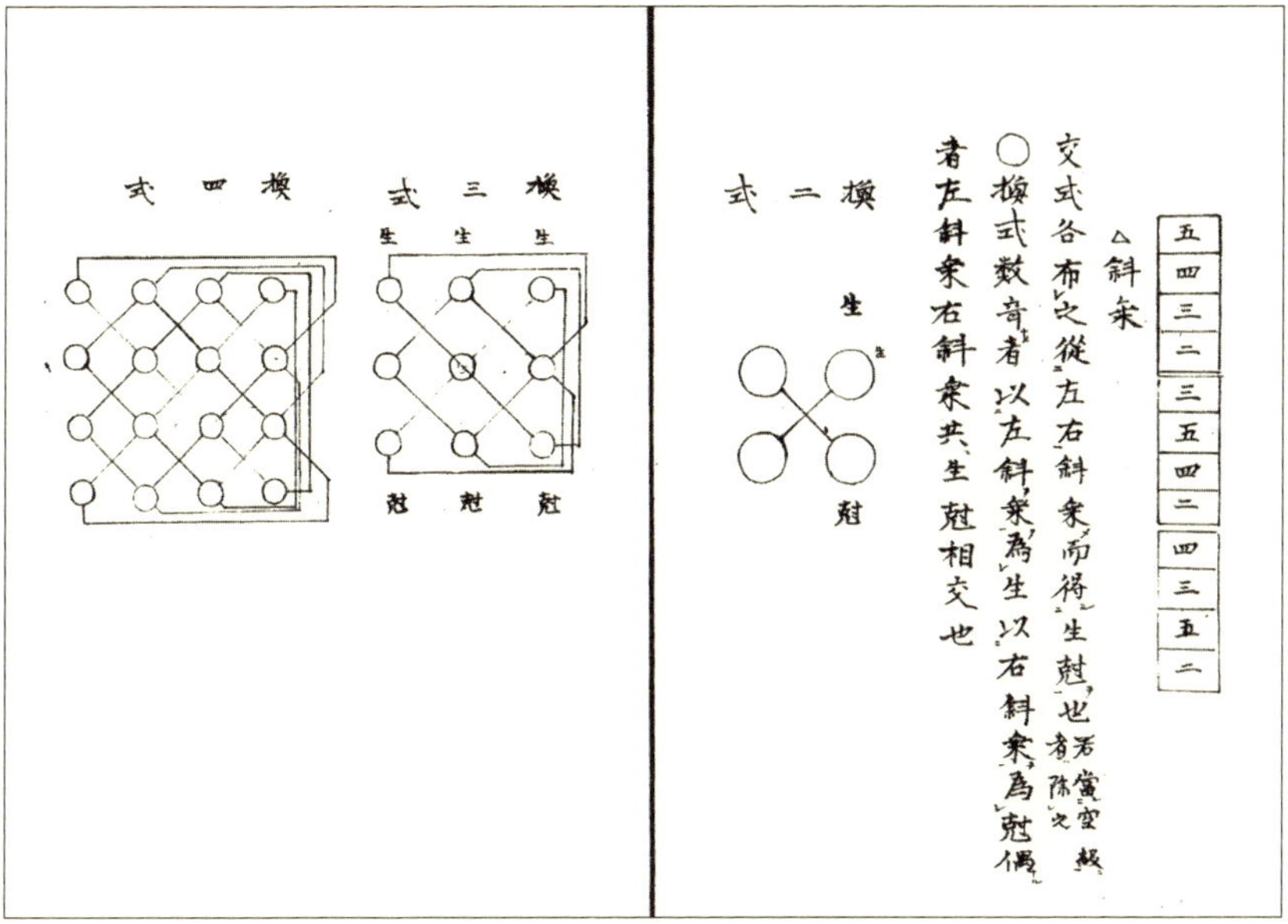

図35　関孝和「解伏題之法」　行列式の計算法が書かれた頁。

成に終わった。

また、関孝和は一未知数の方程式に対しても、方程式の解の個数や、近似解を求める方法を整理し、体系的に論じた。関孝和以前の日本や中国の数学者には方程式は問題を解くための単なる手段であったが、関孝和は方程式そのものを数学の研究対象とした。関孝和の方程式研究はデカルトの方程式研究と相通じるものがある。

その他にも関孝和の研究は同時代のヨーロッパのベルヌーイと独立に同じ結果を得たものもある。このように、関孝和の数学研究は同時代のヨーロッパの数学者と類似の点が多く、それまでの江戸時代の数学者や中国の数学者とは根本的に違っている。こうした特異な大天才がどのようにして江戸時代に誕生したのか、その謎はいまだに解明されていない。

関孝和の数学観

関孝和の数学観は『発微算法演段諺解』の跋文に記さ

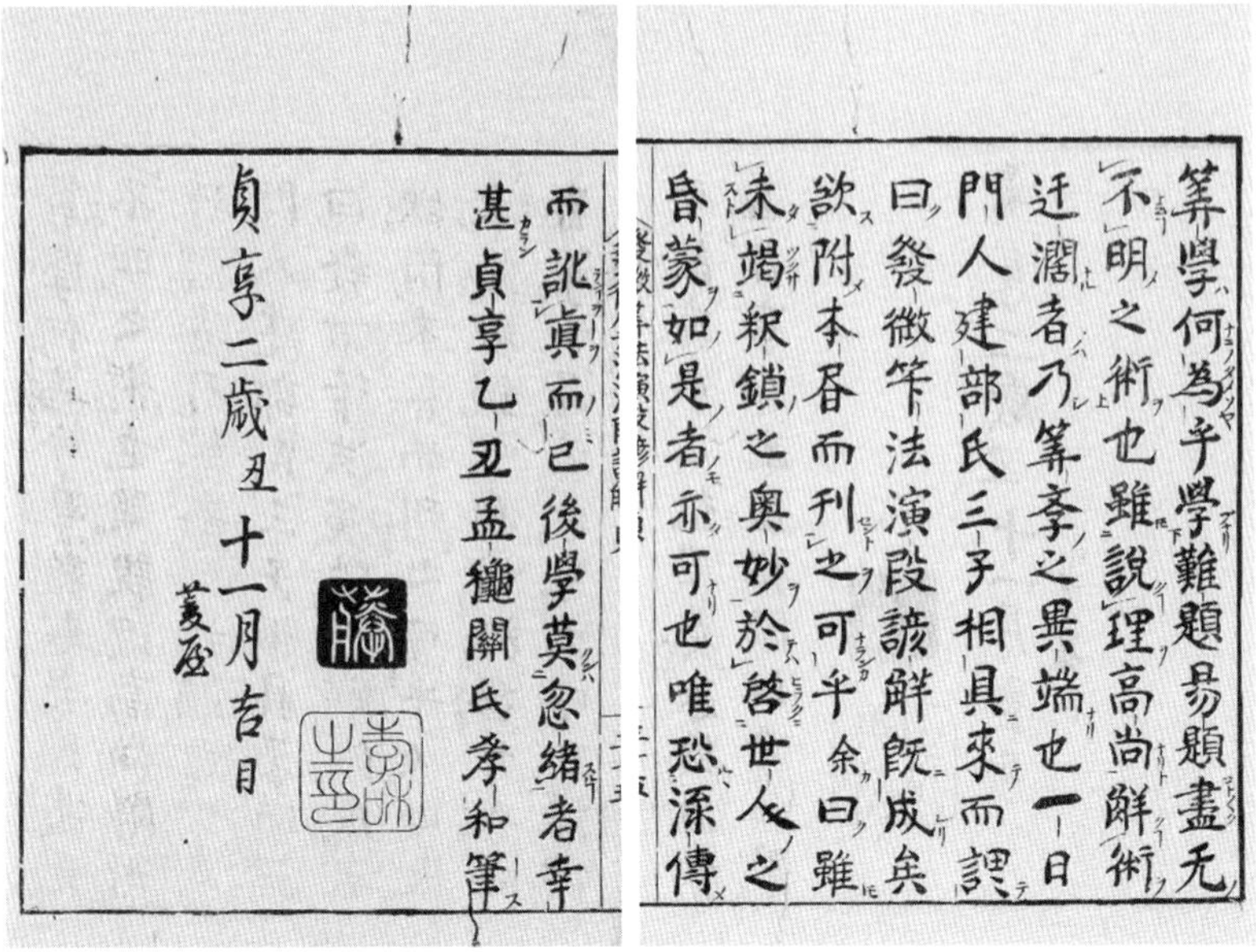
算學何為乎學難題易題盡无
不明之術也雖說理高尚解術
迂濶者乃算亭之異端也一日
門人建部氏三子相具来而謂
曰發微算法演段諺解既成矣
欲附本書而刊之可乎余曰雖
未竭釈鎖之奥妙於啓世人之
昏蒙如是者亦可也唯恐流傳
而訛真而已後學莫忽緒者幸
甚貞享乙丑孟穐關氏孝和筆
貞享二歲丑十一月吉日
藤屋

図36　『発微算法演段諺解』跋

れている（図36）。

算学は何の為ぞや。難題、易題、尽《ことごと》く明らかにせずと云ふこと無くの術を学ぶなり。理を説くこと高尚なりと雖も、術を解くこと迂闊《うかつ》なるものは、乃《そ》れ算学の異端なり。一日、門人建部氏三子、相具《とも》に来たりて謂て曰く、発微算法演段諺解既に成れり、本書に附して、これを刊せんと欲す、可ならんか。余が曰く、いまだ釈鎖《しゃくさ》の奥妙を竭《つ》くさずと雖も、世人の昏蒙《こんもう》を啓くに於ては、是の如くのものも亦可なり、唯、流伝して真を訛《あやま》らんことを恐るるのみ、後学、忽緒《こつしょ》すること莫《な》くんば幸甚からん。

貞享乙丑孟穐《もうしゅう》関氏孝和筆す

藤印　孝和之印

この跋が示すように、関孝和は自分の創り上げた理論が多くの問題を解くことのできる方法を与えていることを自負していた。今日の用語を使えば、問題を解くために方程式を立てることができれば、原理的に答えを導くことができる。実際、『古今算法記』の第四遺題の解を得るためには最終的に108次方程式を解く必要がある。関孝和はこの方程式を実際には解いていない。彼は方程式の数値解を求める方法を確立していたが、実際に解くには膨大な時間を必要とする。驚くなかれ、この108次方程式の解（正確には解の近似値）がコンピュータを使って得られたのは最近である。その結果、解は二とおりあることが分かり（これは関孝和も気がつかなかったと思われる）、さらに二つの答えは問題の図（前掲図33）の立方体の大きさと矛盾する結果であった。実は図のように甲、乙、丙の順に小さくなると仮定すると、解がないことは簡単に示すことができる。

もちろん、円周率を求める問題のように方程式を使って解を求めることができない問題も存在する。円周率の計算に関しても関孝和は優れた業績を残している。

ところで、関孝和の跋の後半は、建部兄弟が『発微算法演段諺解』の出版の許可を求めてきたことに対する関孝和の考えを述べている。関孝和は、この本は「釈鎖の奥妙を尽くしていない」といささか否定的な意見を述べている。自分は方程式さえ立てることができれば、いつでも解を求めることができる一般的な方法を見出したのだから、それを本に記すべきであって、個々の問題を解く方法を

この108次方程式の解　荒井千里・森継修一「古今算法記遺題の数値解について」（『数理解析研究所講究録』1568、二〇〇七年）八七―九三頁。

実は図のように……　上野・小川・小林・佐藤『関孝和論序説』（岩波書店、二〇〇八年）二七〇頁。

具体的に記すことはかえって読者の誤解を増す、と関孝和は考えたようである。しかし、著者の建部賢弘はそうは考えなかった。建部賢弘が記した序には次のような文言が出てくる（図37）。カタカナをひらがなに変えて引用する。

発微算法は、孝和先生、古今算法記一十五問に答術を施す所の書なり。延宝甲寅の歳［一六七四］、梓に鋟《きざ》めて、世に行《おこな》はる後、庚申の歳［一六八〇］、書肆に火ありて、板、氓泯《ぼうひん》たり。嘗て思ふに、近世都鄙の算者、彼の術の幽微を知らず、或は無術を潤色せるかと疑ひて、類問を仮託してこれを窺ひ、或は術意誤れりと評して、却つて其の愚を顕す。予、不敏なりといへども、先生に学んで粗《ほぼ》得る所あり。茲において、世人、区々の惑ひを釈《と》かんと欲して、発微算法に悉く演段を述し、本書に附して、総て四巻となす。抑《そもそも》、此の演段は和漢の算者、未だ発明せざる所なり。誠に師の新意の妙旨、古今に冠絶せりと謂つべし。尚一貫の神術これありといへども、庸学、等を躐《こえ》るの弊あらん事を恐るるが故に、今姑《しばら》くこれを閣《さしお》く。此の書に載る所、心を潜《ひそめ》てこれを味はば、漸く差《たが》はざるに庶《ちか》からんか。

貞享二年［一六八五］歳次乙丑、季夏［六月］序す。

源姓建部賢弘。

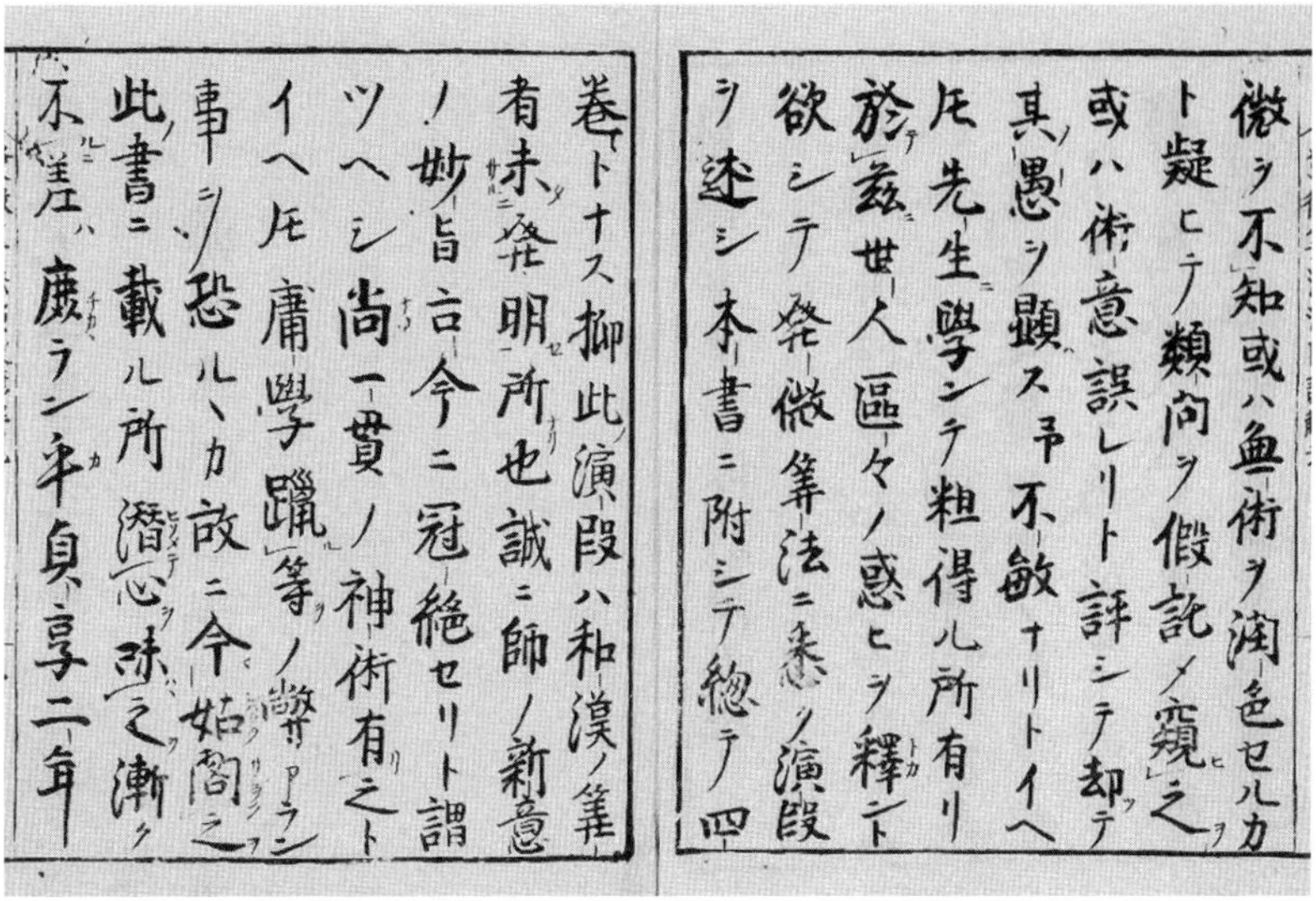
微ヲ不知或ハ無術ヲ演色セルカ
ト疑ヒテ類向ヲ假託メ窺之
或ハ術意誤レリト評シテ却テ
其愚ヲ顕ス予不敏ナリトイヘ
ドモ先生學ニシテ粗得ル所有リ
於茲世人區々ノ惑ヒヲ釋ント
欲シテ発微算法ニ黍ヲ演段
ヲ述シ本書ニ附シテ總テ四
巻トナス抑此演段ハ和漢ノ算
者未発明所也誠ニ師ノ新意
ノ妙旨古今ニ冠絶セリト謂
ツヘシ尚一貫ノ神術有之ト
イヘドモ庸學躐等ノ弊アラン
事ヲ恐ルヽカ故ニ今姑閣之
此書ニ載ル所潜心球之漸ク
不差ハ廃ラン乎貞享二年

図37　『発微算法演段諺解』序

このなかで建部賢弘は、「誠に師の新意の妙旨、古今に冠絶せりと謂つべし」と記して、師の関孝和が創案した傍書法による解法を絶賛している。さらに続けて「尚一貫の神術これありといえども、庸学、等を躐るの弊あらん事を恐るるが故に、今姑くこれを閣く」と述べている。「一貫の神術」とは関孝和が見出した消去法のことである。それを神術と呼びながらも、建部賢弘は、この理論を述べることは学習の段階を乱す恐れがある（等を躐るの弊あらん）ので、本書では述べないと宣言している。

これに対して、既に見たように、関孝和は跋で本書は「釈鎖の奥妙を尽くしていない」と批判している。関孝和にしてみれば、消去の一般論を述べれば十分で、個々の問題に対する細かい註釈などは必要ないことであった。ここに、関孝和と建部賢弘の数学観の違いが現れている。そのことについては後述する。

関孝和の個々の数学上の業績については成書を参照された

い。

ところで、関孝和には娘が二人いたが夭折した。最晩年の関孝和は内山家から養子、新七郎を宝永三年（一七〇六）に迎えた。関孝和は宝永五年に亡くなり、新七郎が跡目を継いだ。享保九年（一七二四）に関新七郎は甲府勤番士になり、甲府に移住した。享保十九年（一七三四）十二月二十四日の夜に甲府城の金蔵が破られ、金約千四百両が盗まれるという大事件が起こった。事件当夜、警備のため宿直していた勤番士らが取り調べられ、その過程で関新七郎たちが博奕を行っていたことが発覚した。当時、博奕は重罪であり、関新七郎は取り調べの結果、翌年八月に重追放となり、関家は断絶した。関孝和についての情報が乏しいのは関家断絶とも関係している。

関孝和と建部賢弘

江戸時代を代表する数学者として、関孝和と並んで建部賢弘の名前は必ず出てくる。建部賢弘は十二歳で関孝和に弟子入りし、その才能を発揮した。十九歳のときには、佐治一平《かずひら》の門人松田正則の名前で刊行された『算法入門』（一六八一）が『発微算法』の大部分の解法は間違っていると主張したのに対して、『研幾算

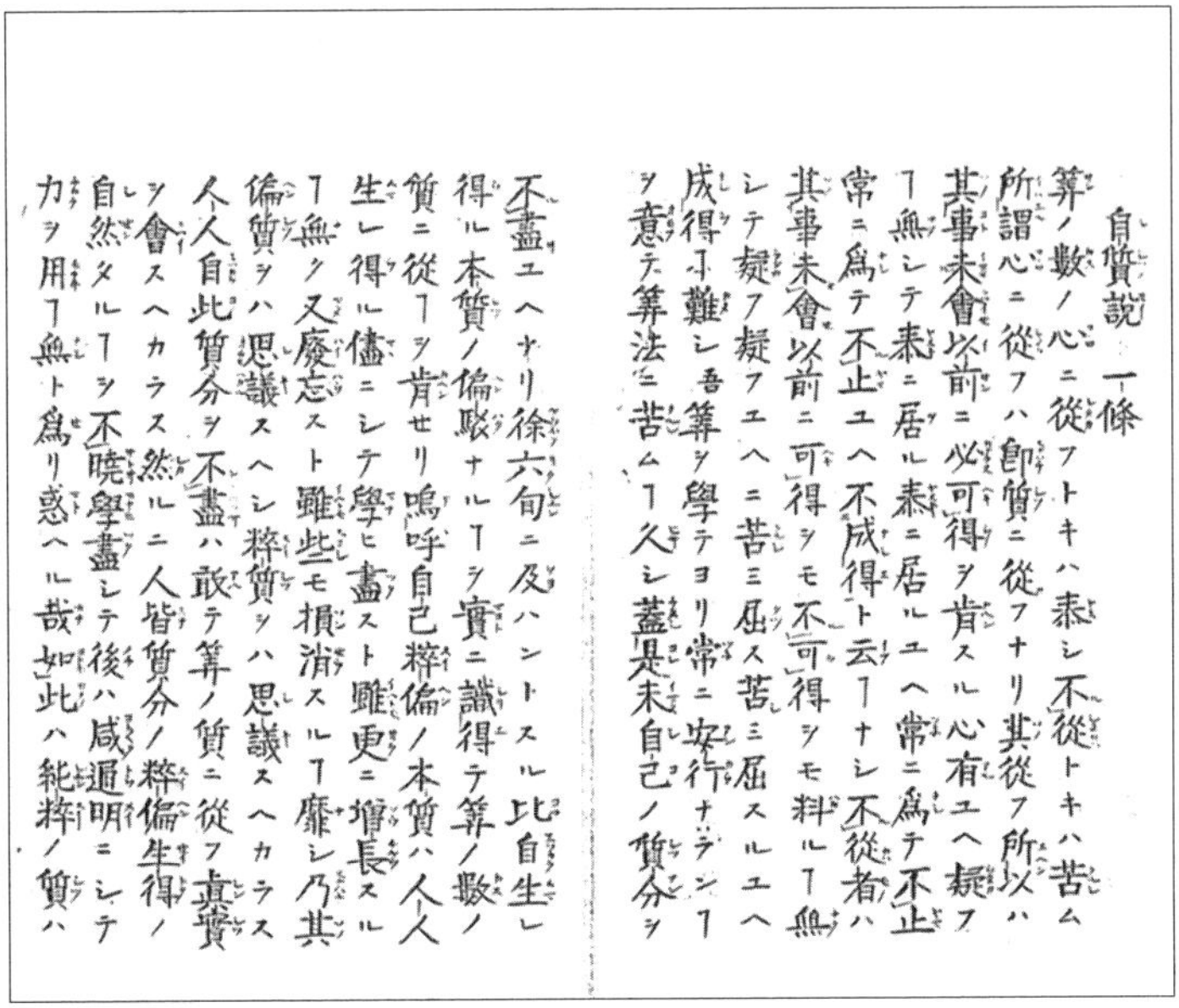
自質說　一條
算ノ數ノ心ニ從フトキハ泰シ不從トキハ苦ム所謂心ニ從フハ卽質ニ從フナリ其從フ所以ハ其事未會以前ニ必可得ヲ肯スル心有エヘ疑フヿ無シテ泰ニ居ル泰ニ居ルエヘ常ニ爲テ不止常ニ爲テ不止エヘ不成得ト云ヿナシ不從者ハ其事未會以前ニ可得シモ不可得シモ料ルヿ無シテ疑フ疑フエヘニ苦ミ屈ス苦ミ屈スルエヘ成得不難シ吾算ヲ學テヨリ常ニ安行ナランヿヲ意テ算法ニ苦ムヿ久シ蓋是未自己ノ質分ヲ不盡エヘナリ徐六旬ニ及ハントスル比自生シ得ル本質ノ偏駁ナルヿヲ實ニ識得テ算ノ數ノ質ニ從ヿヲ肯セリ嗚呼自己粹偏ノ本質ハ人一人生シ得ル儘ニシテ學ヒ盡スト雖更ニ增長スルヿ無ク又廢忘スト雖些モ損消スルヿ靡シ乃其偏質ヲハ思議スヘシ粹質ヲハ思議スヘカラス人人自此質分ヲ不盡ハ敢テ算ノ質ニ從フ眞實ヲ會スヘカラス然ルニ人皆質分ノ粹偏生得ノ自然タルヿヲ不曉學盡シテ後ハ感通明ニシテ力ヲ用ヿ無ト爲リ惑ヘル哉如此ハ純粹ノ質ハ

図38　『綴術算経』自質の説

法』（一六八三）を刊行し、師の関孝和に代わって、『算法入門』の間違いを正している。さらに二年後には『発微算法演段諺解』を刊行して、関孝和の数学を広める役割をした。

関孝和が自身の数学理論を展開していくときに、建部賢弘の存在はきわめて重要であったと思われる。賢弘は師の数学に対してさまざまな質問をし、ときにはその改良に協力したと思われる。しかしながら、既に見てきたように二人の数学観は異なっていた。関孝和が一般論を重視したのに対して、建部賢弘は対象のきわめて深い理解を重要と考えた。建部賢弘は優れた数学者であったが、師の関孝和の圧倒的な影響のもとで育ったために、独自の数学を展開することができるようになったのは五十代後半になってからであった。その間の事情を『綴術《てつじゅつ》算経』のなかで、賢弘自らが語っている。それによると建部賢弘は師の関孝和のように数学の研究を行おうとしてそれができず、六十近くになって自分は関孝和とは異なる気質の持ち主で、自分に合った方法で数学の研究を行えばよいと気づいたと言っている（図38）。

数学者のタイプの違いについて、物理学出身の数学者フリーマン・ダイソンは興味深い説を提出している。▲数学者は鳥型と蛙型に分けることができる。鳥が空を飛んで、上空から全体を見渡すことができるように、鳥型の数学者は理論の全体像をつかんで一般論を創造する。蛙型の数学者は、蛙がごく身近なものしか見ることができないように、一般論よりは個々の数学的な対象に興味を持ち、それを深く追究していくことに喜びを感じる。数学の発展にはこの両者が必要であるというのがその主張である。ダイソン流に言えば、関孝和は鳥型、建部賢弘は蛙型であった。建部賢弘のあげた業績も西洋の数学に先んじたものがある。

関孝和の没後、和算は一段と盛んになっていった。特筆すべきことは和算の流派が確立し、ときには論争にまで発展したことと、その一方で多くの人が和算を学び、算額と呼ばれる主として数学の問題を記した絵馬が神社や寺院にたくさん掲げられるようになったことである。これについては後述する。

流派の確立

江戸時代、和算にはさまざまな流派が誕生した。関孝和を祖とすると称する関

数学者のタイプの違いについて……
F. Dyson, "Birds and Frogs", *Notice of the AMS*, 56 (2009), pp. 212-223.

流、中西流、宮城流、宅間流、三池流、最上流《さいじょう》などを挙げることができる。なかでも、江戸時代をとおして一番大きな流派は関流であった。関流の免許状には、関孝和―荒木村英《むらひで》―松永良弼《よしすけ》―山路《やまじ》主住《ぬしずみ》……と系譜が記されている。しかし、関孝和が関流と名乗ったわけではなく、関流が確立したのは山路主住（一七〇四―七二）のときからであると考えられている。彼によって免許制度が確立した。荒木村英（一六四〇―一七一八）は江戸で数学塾を開いていたことが知られているが、どのようにして関孝和の門に入ったかは分かっていない。関孝和の遺稿を集めた『括要算法』は荒木村英たちによって出版された。

関流は、関孝和―荒木村英―松永良弼（？―一七四四）―山路主住と続き、山路のあとは安島直円《あじまなおのぶ》（一七三二―九八）の系統と藤田貞資《さだすけ》（一七三四―一八〇四）の系統に分かれた。と言っても、藤田貞資と安島直円とは深い交流があり、対立していたわけではない。むしろ数学を学ぶ人が増え、手分けして教育を行ったというのが実情であろう。特に藤田貞資はたくさんの門人をもち、地方の門人も多かった。なかでも重要なのが群馬の数学者、小野栄重《えいじゅう》（一七六三―一八三一）である。彼のもとから斎藤宜長《ぎちょう》（一七八四―一八四四）、斎藤宜義《ぎぎ》（一八一六―八九）父子をはじめとする多くの数学者が出て、群馬は数学の中心地の一つとなった。

後に記すが、遊歴和算家であった山口和《かず》は全国を遊歴したが、第三回の遊歴の

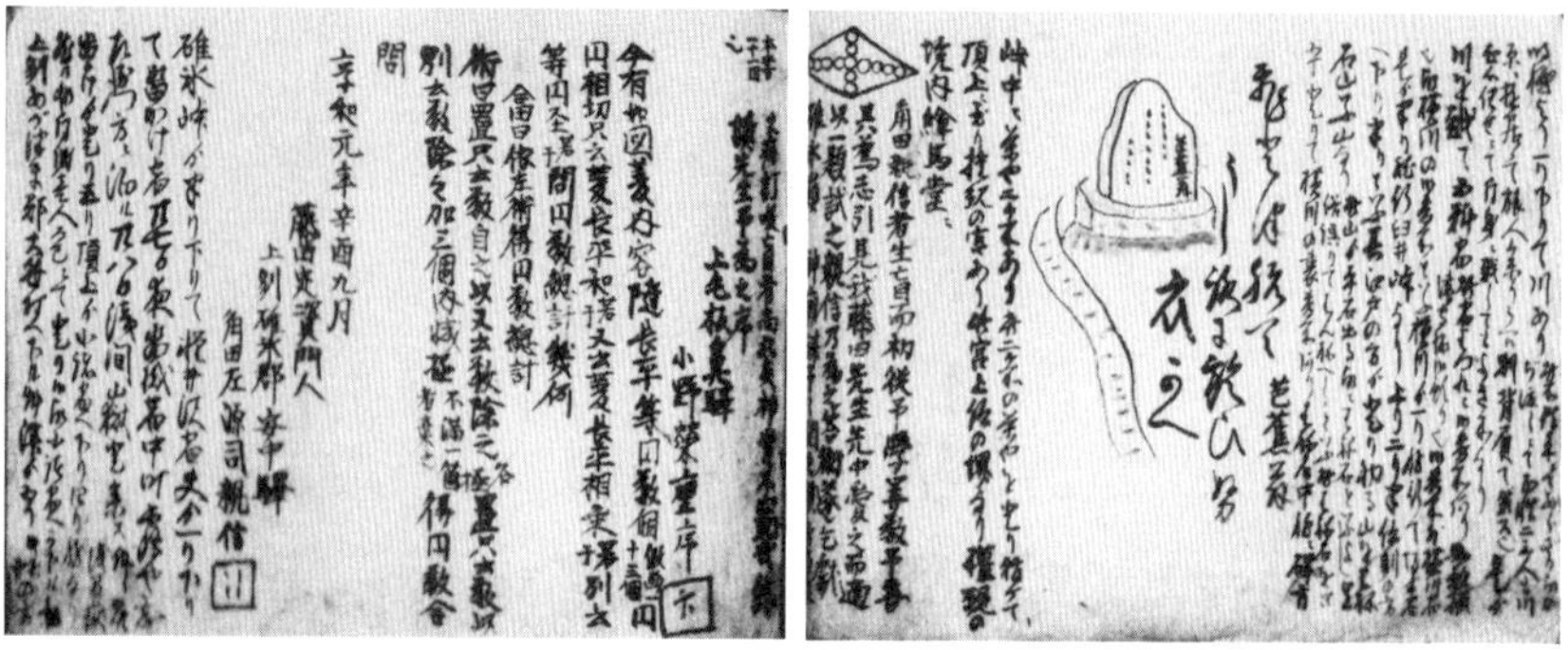

図39　山口和『道中日記』の一節　碓氷峠の熊野神社で見た算額の記録が中央に記されている。佐藤健一『和算家の旅日記』（時事通信社、1988年）106-07頁より。

とき高崎から碓氷峠を越えて越後に入っている。そのおり、碓氷峠にあった熊野神社で角田親信が奉納した算額を見てそれを記録に残している（図39）。

角田親信が奉納した算額は全国の算額の問題を集めて出版された『神壁《しんぺき》算法《さんぽう》』（図40）にも収められている。ただ、算額に記された小野栄重の序文は『神壁算法』には収録されていない。

算額の序文は漢文で書かれているが、試みに現代仮名遣いで読み下し文を記す。

> 角田親信は盲に生まれ、初めて予に従いて算数を学ぶ。予その篤志を喜び、我が藤田先生中に引見す。これを愛しみ、適《かな》うて一題を以てこれを試す。親信乃《すなわ》ちこれが為に答術し、遂に碓氷嶺神廟に献ぜんことを乞う。予これを謀《はか》りこれを閲するに、頗《すこ》し省過乗の病を訂す。ああ、盲者も尚かくのごときか。神、豈《あに》、寵せざらんか。終《つい》に先生に請うて予これが為に序す。上毛板鼻駅　小野栄重序

この序文から、算額の奉納者、角田親信は生来の盲人であったが、小野

栄重が数学を教えたことが分かる。算額の問題は易しいとはいえ、図形の問題である。小野栄重はどのようにして盲人に幾何を教えたのであろうか。また、これは盲人が数学を学ぶことが可能であったことを示し、江戸時代の教育のあり様を示す貴重な資料でもある。

最上流と関流の争い

江戸時代、関流以外にもいくつかの流派があったが、多くは一地方で盛んになり、関流のように全国的に広がった例はほとんどない。例外は会田《あいだ》安明《やすあき》（一七四七―一八一七）が開いた最上《さいじょう》流である。会田は現在の山形市で生まれ、青年期に江戸に出て本多利明に関流の数学を学んだ。藤田貞資の門に入ろうとしたところ、以前、会田が江戸愛宕山に奉納した算額のことで非難され、算額を訂正したら入門を許すといじめられた。そのため、会田は関流に挑戦して、藤田貞資の門下生と二十年に及ぶ論戦を行った。この論戦を通して会田は数学の実力をつけ、やがて新しい一派、最上流を立ち上げた。関流より上であることを宣言するため、郷

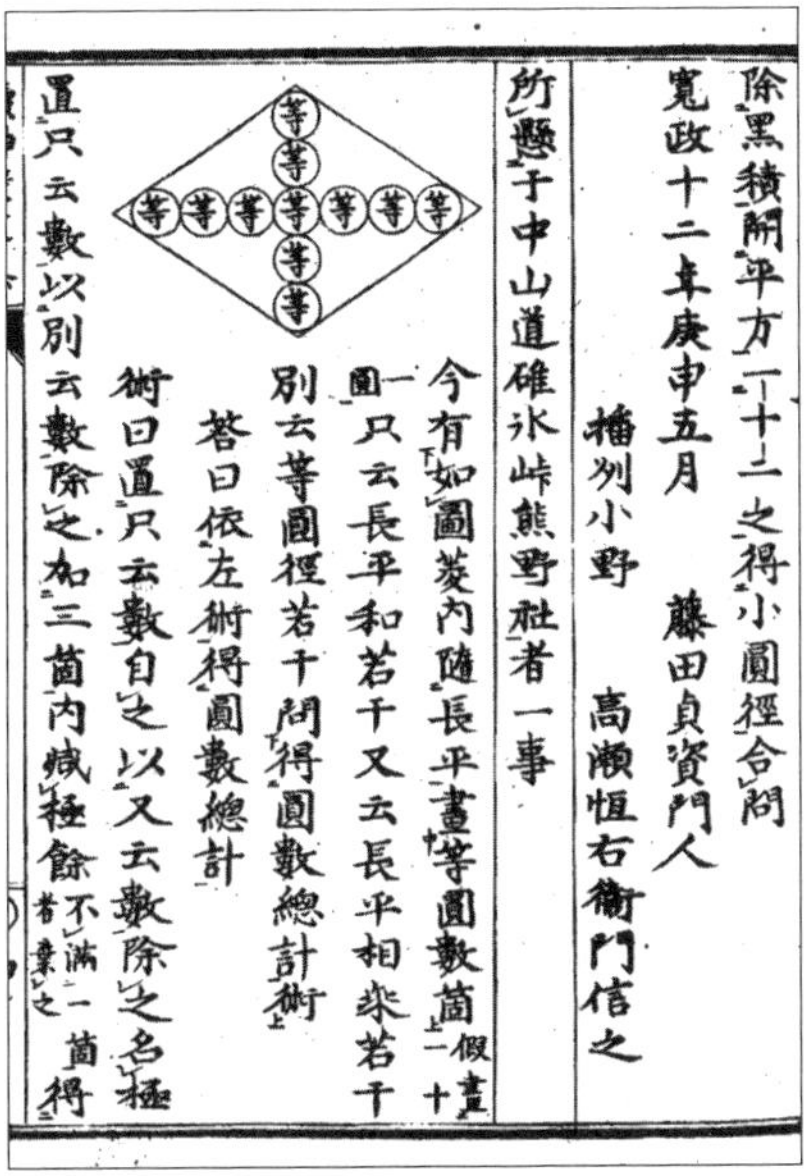
除黒積開平方一十二之得小圓徑合問
寛政十二年庚申五月
播州小野　藤田貞資門人
高瀬恒右衛門信之
所懸于中山道碓氷峠熊野社者一事
今有如圖菱内随長平畫等圓數箇 假畫二十
圓一只云長平和若干又云長平相乘若干
別云等圓徑若干問得圓數總計術
答曰依左術得圓數總計
術曰置只云數自之以又云數除之名極
置只云數以別云數除之加三箇内減極餘 不滿一箇者棄之 得

図40『神壁算法』 角田親信が掲げた算額の問題。図39と同じ図が見える。

里に近い最上川《もがみ》の名前とかけあわせて、最上流《さいじょう》と名づけたと言われている。この論争は揚げ足とりのところが多かったが（図41）、会田は関流の数学と対抗するために数学記号の改良や、解答の記述法の改良を行った。会田は優れた数学教師であり、たくさんの教科書を著した。優れた著作が多く、関流の数学者の蔵書中にも最上流の数学書が含まれている場合が多い。最上流は主として山形、福島を中心に広がった。

最上流と関流の争いは例外で、多くの場合は流派に関係なく数学の話をすることが多かった。特に相手が優れた数学者だと分かると、その場で弟子入りすることが行われた。なかでも、全国を遍歴した遊歴和算家は、それぞれの村や町の有力な数学者を訪ねて数学の話をするのがつねであり、そのときは流派の違いは問題にならなかった。これは数学という学問の特性から出てきた現象と考えられる。江戸時代の数学の場合は難しい問題を解くことができるかどうかが問われ、どのような流派であっても、問題が解けることが重要視された。

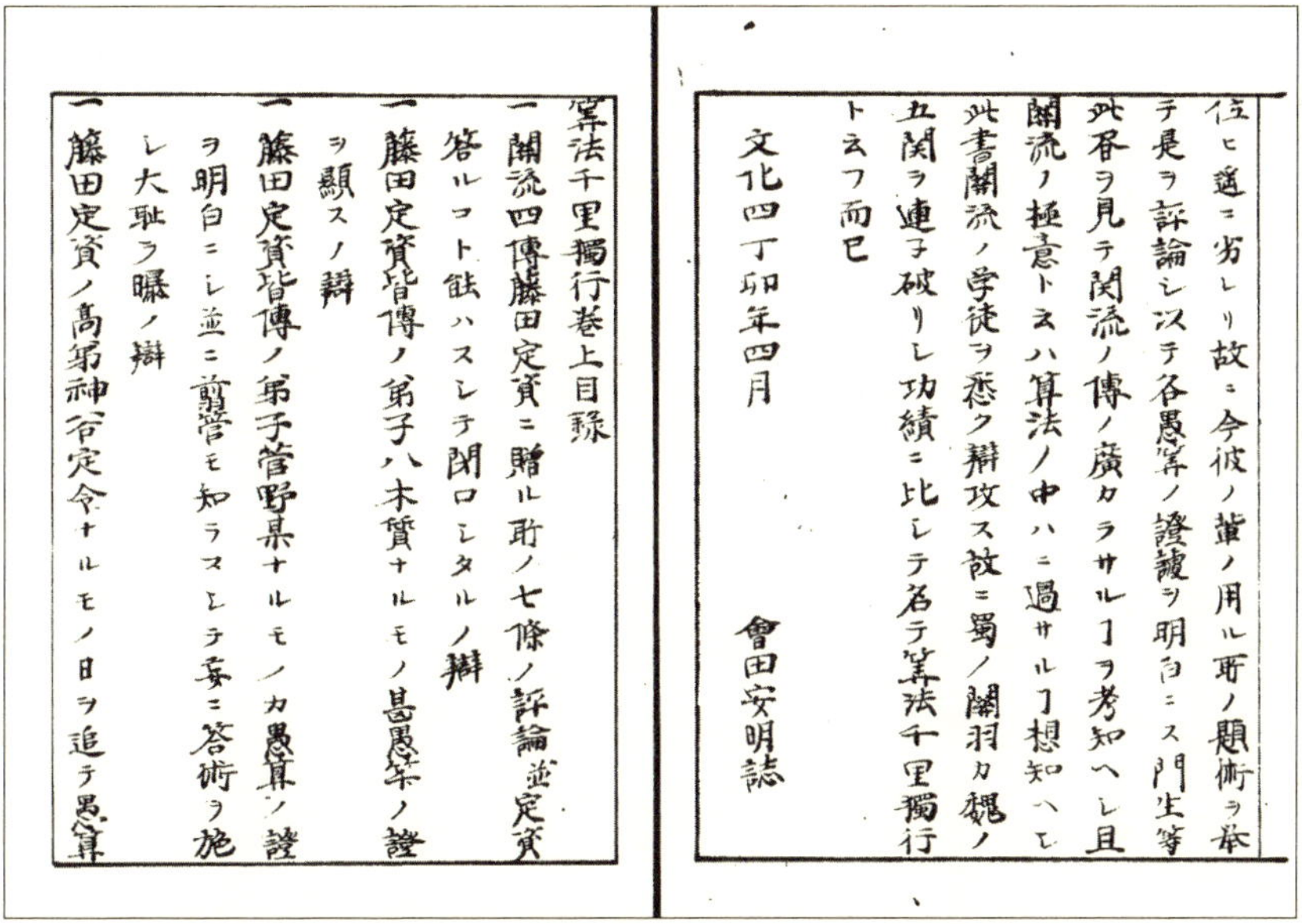

図41　会田安明『算法千里独行』　会田安明はこの書で関流の藤田貞資とその弟子たちによる数学の問題の解法の揚げ足とりを行った。左頁の藤田定資は藤田貞資と同一人物。江戸時代は発音が同じであれば異なる漢字を人名にあてることがしばしば行われた。

四▼円周率

円周率の精密な値を求めることは昔から数学の大きなテーマであった。古代中国でも古代ギリシアでも熱心に研究された。

円周率は円周が直径の何倍になるかを示す数である。昔から円周率は3に近いことは知られていた。古代中国の『九章算術』でも円周率は3として計算している。図42からは円周率は3より真に大きいことが分かる。三国時代の魏から晋の時代に活躍し、『九章算術』に註釈をつけた数学者である劉徽《りゅうき》▲は、円周率は3.14に近く、それより少し大きいことを示していた。その後、五世紀の数学者である祖冲之《そちゅうし》はさらによい円周率の近似値を見出し、近似分数として粗い近似値（粗率）として22/7、精密な近似値（密率）として355/113を提案した。この理論を記した著作『綴術《てつじゅつ》』は『日本国見在書目録』にも記されており（前掲図6）、日本に輸入されていたことが分かるが、中国でも日本でも失われてしまった。『綴術』があまりに高度であり、それを理解できる人がいなくなってしまっ

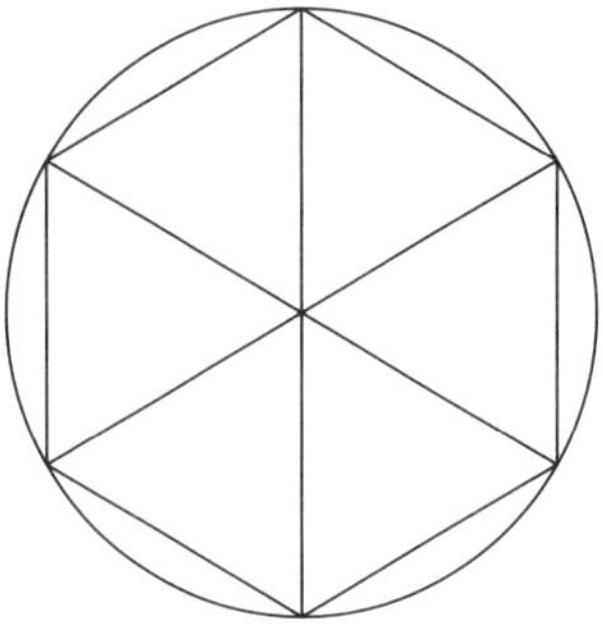

図42　円に内接する正六角形
円に内接する正六角形は六個の正三角形に分割できる。正三角形の一辺は半径と同じ長さなので正六角形の周の長さは半径の3倍である。一方、正六角形の周の長さより、円周の長さの方が大きいので、円周率は3より真に大きいことが分かる。

劉徽　生没年不詳。中国、魏・晋時代の数学者。『九章算術』全九巻に注釈を加えたことで有名（二六三年（景元四）頃完成）。その註釈のなかで円周率のよい近似を与え、また『九章算術』で説明抜きで記されていたさまざまな事実に証明に近い詳しい説明を与えた。

円周率のインドからの輸入　林隆夫『インドの数学』（中公新書、一九九三年）。

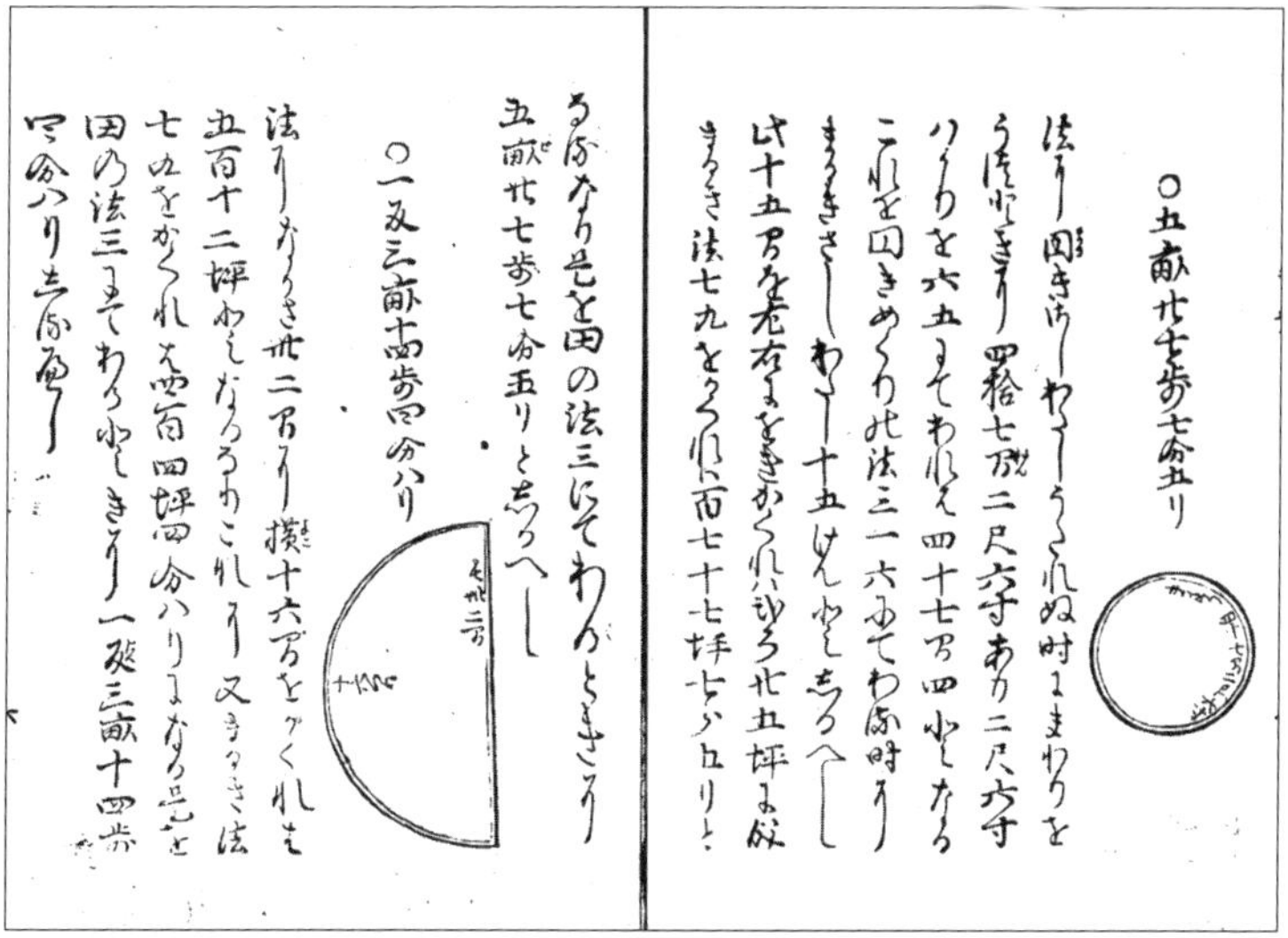

図43　『塵劫記』の円周率　直径が15間の円の面積（五畝二十七歩七分五厘）を求める問題の解答。「円《まる》きめぐりの法三一六」と記され、今日の用語では円周率が3.16であることになる。

たのがその理由と考えられている。

『塵劫記』の円周率

たいへん奇妙なことに、『塵劫記』の円周率は3.16となっている（図43）。中国数学では円周率は3.14あるいは22/7が広く使われており、吉田光由が参考にしたという『算法統宗』も円周率は22/7を採用している。なぜ、3.16かについては、いまだによく分からない。インドでは3.16が使われていたので、当時、東南アジアまで日本の商人が進出していたことを念頭に、林隆夫氏はインドから円周率が輸入された可能性を指摘している。▲

一方、3.16は10の平方根に近いことから、円周率を10の平方根としたことも考えられる。当時、使われていた曲尺《かねじゃく》で10の平方根を作図するのは簡単だったので、実用上の観点から採用されたとも考えられる。おそらく、角倉家では実用上の観点から円周率として10の平方根を使っていたのであろう。一方『算学啓蒙』では円周率の精密な近似値（密率）として22/7が間違って与えられていた。

村松茂清の円周率計算

江戸時代に円周率の問題に真正面から挑戦したのは村松茂清《しげきよ》▲であった（図44）。

村松の方法では平方根の計算が必要であり、膨大な計算を膨大な時間をかけて行ったと思われるが、得られた結果から何桁まで正確な数値を得られたかを村松は示すことができず、古来から伝えられた3.14を円周率として採用するように提案するしかなかった。実際には3.1415926まで正確な数値を得ていた。内接多角形の周の計算からは円周率より小さな数値しか得ることができない。たとえば円に外接する正多角形の周の長さを計算すれば円周率より大きい数値が得られ、両者を比較することによって小数点以下何桁まで正確な数値であるかを示すことができる。すでに紀元前三世紀に古代ギリシアのアルキメデス▲は円に内外接する正九十六角形を計算することによって、円周率が3.14…であることを示している。劉徽《りゅうき》は巧妙な考え方によって同様の結果を得ている。

荻生徂徠の批判

内接正多角形を使って円周率を計算することに対して、荻生徂徠《おぎゅうそらい》▲が疑問を呈し

村松茂清　一六〇八—九五年。江戸初期の数学者。通称九太夫。赤穂の浅野家に仕えた。養子の秀直、その子高直の二人は吉良家討入りの挙に参加している。村松の家塾は江戸にあり、二本松藩士の礒村吉徳とともに二大勢力であった。『算俎』を著し、数学の進展に寄与した。

アルキメデス　前二八七頃—二一二年。古代ギリシアにおける最大の数学者、物理学者、工学者。シチリア島の都市国家シラクサに生まれ、工学的な工夫によって第二次ポエニ戦争中ローマの進撃を何度も食い止めたが、最後にローマ兵に殺された。数学では物理的な考察で解を推測し、背理法を使って数学的に厳密に証明を与えた。その数学は近世ヨーロッパの数学の発展の基礎となり、「神のようなアルキメデス」と讃えられた。ヒエロン二世の王冠の金の純度を見分ける方法を風呂の中で発見し、喜びのあまり「ユーレカ」と叫びながら裸で街中を走ったという逸話と関係のある「アルキメデスの原理」の発見でも有名である。

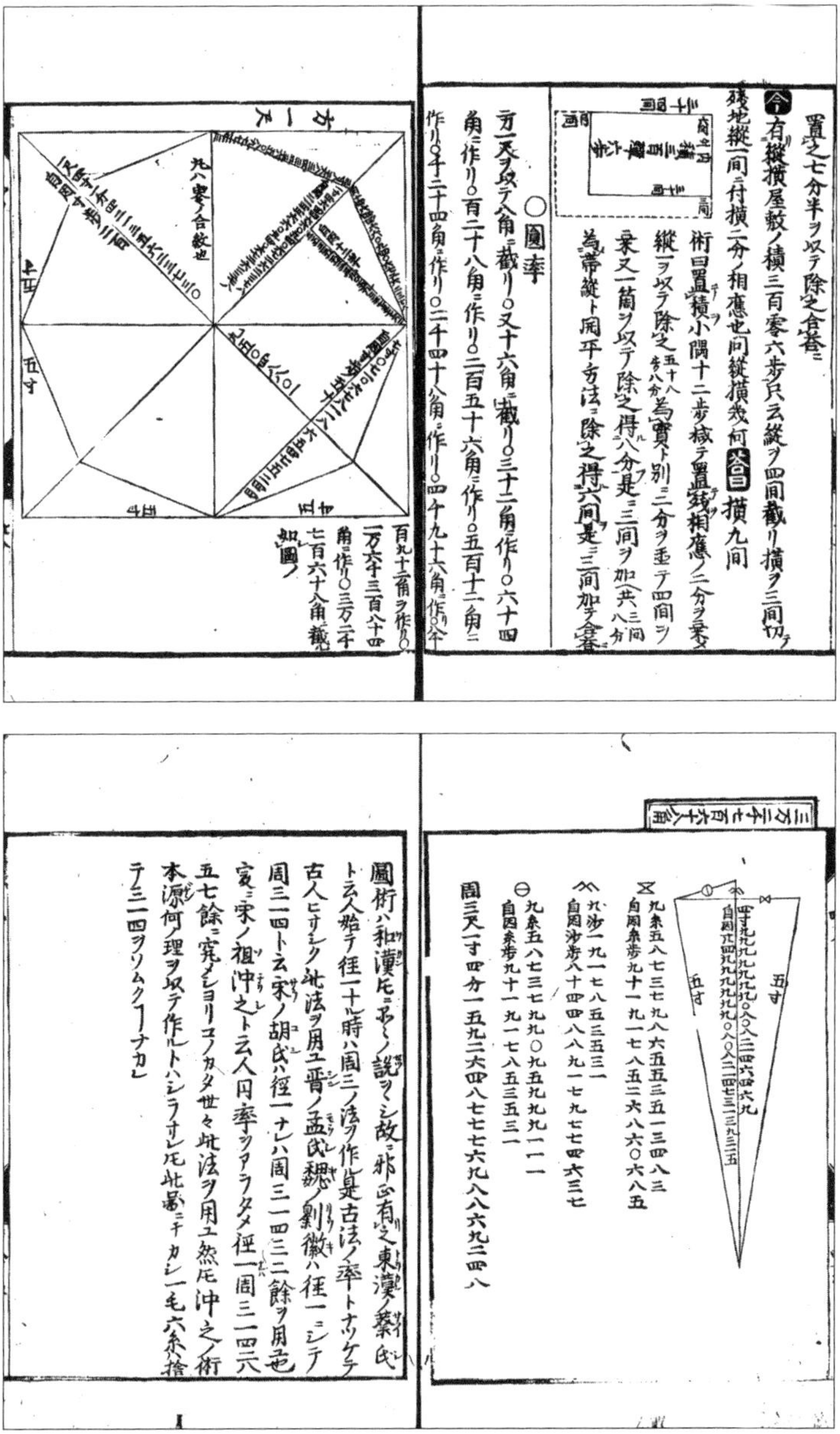

図44 『算俎』の円周率の計算　直径一尺の円に内接する正八角形の周の長さ、正十六角形の周の長さ……と計算を続けて内接正三万二千七百六十八角形の周の長さを計算して三尺一寸四分一五九二六四八……と得ている。しかし得られた数値が何桁まで正確かを村松茂清は示すことができず、3.14を円周率として採用するように提案している。

ていたことが知られている。円周率を求めるのに内接正多角形を使う和算家の方法は、辺の数をどれだけ増やしても円にはならないから不正確であるという趣旨であるが、このことをさらに詳しく記したものが湯浅常山《ゆあさじょうざん》▲著『常山楼筆余』巻三に書かれている（図45）。これによると、円周率に関しては徂徠は中根元圭《なかねげんけい》▲と議論をしていたようである。

以下、原文のカタカナをひらがなに変更して引用する。

庣《てう》といふことを、数学家のいへるは、平円の中へ方を容れたる時、方につかへたる余、孤田のかたちとなる其方につかへたる余の所を庣と云。算士、径《わたり》一尺の平円周を求るに、すみかけて一尺ある平方を設け、それを八角にし十六角にし、三十二角とし、六十四角とし、段々につもりあげて、勾股弦の術を以各弦寸を求め、其弦寸を角数に乗周となすとかや。十三万余の角に至ては、弦上糸何忽余になる。それを合て円周三尺一寸四分余になると云へり。是わざにていへば精なれども、理を以て視れば未尽の数あるべし。凡天下の事、理とわざと二つあり。理は口にいふべくして、わざに施し難き事あり。わざに施して、理いまだ尽さざるあり。律管を載するは、精緻の理を古人論ぜり。然れども、毫釐に至て人の目力の及ぶべからざるあり。わざにて

荻生徂徠　一六六六―一七二八年。字は「茂卿」。元禄・享保期に活躍した江戸時代を代表する儒学者。古文辞学を提唱した。

湯浅常山　一七〇八―八一年。岡山藩士、儒学者。荻生徂徠の門人である服部南郭に儒学を学ぶ。太宰春台や同じ岡山藩出身の井上蘭台《いのうえらんだい》らと親しかった。

中根元圭　一六六二―一七三三年。暦学、数学、漢学、音律など広く深く研究し、学者として広く知られる。京都に住み、京都銀座役人でもあった。関西の数学者で関孝和の業績をいち早く評価した。一七二〇年ごろ建部賢弘の推挙により八代将軍徳川吉宗に仕え、賢弘に代わって、中国の『暦算全書』に訓点を施したことでも知られている。荻生徂徠とも親交があった。

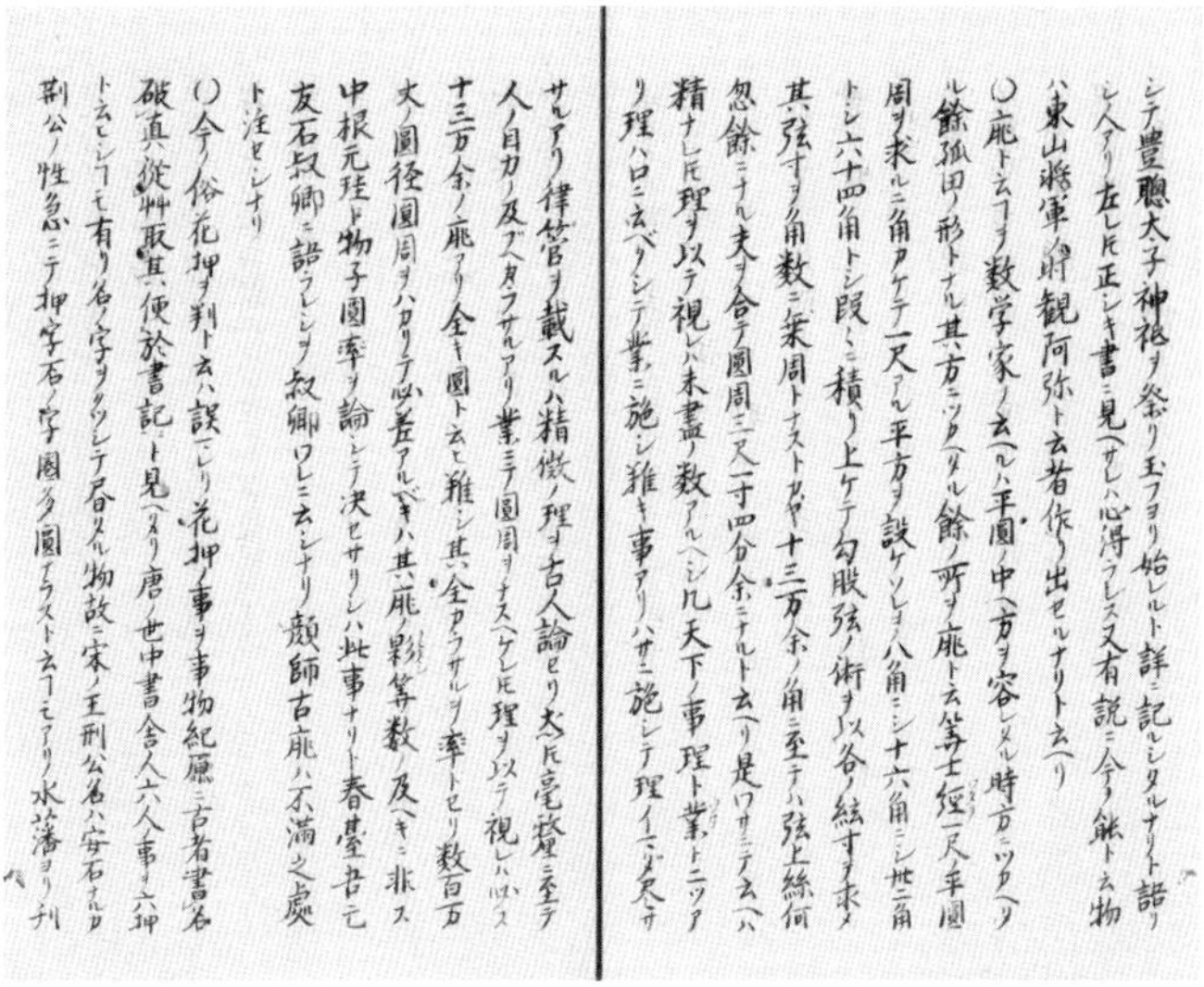
シテ豊聰太子神祇ヲ祭リ玉フヨリ始レルト詳ニ記シタルナルト語リ
シ人アリ左レド正シキ書ニ見(サレハ心得ラレス又有説ニ今ノ能ト云物
ハ東山将軍ノ府観阿弥ト云者作リ出セルナリト云ヘリ
○廃ト云フ数学家ノ云(ルハ平圓ノ中ヘ方ヲ容ルル時方ニツカヘタ
ル餘弧田ノ形トナル其方ニツカヘタル餘ノ所ヲ廃ト云算士径一尺ノ平圓
周ヲ求ルニ角ヲケテ一尺ナル平方ヲ設ケソレヨリ八角ニシ十六角ニシ卅二角
トシ六十四角トシ段々ニ積リ上ケテ勾股弦ノ術ヲ以各ノ絃ヲ求メ
其弦ヲ角数ニ乗周トナストカヤ十三万余ノ角ニ至テハ弦上絲何
忽餘ニナル夫ヲ合テ圓周三尺一寸四分余ニナルト云リ是ワサニテ云ヘハ
精ナレド理ヲ以テ視レハ未盡ノ数アルヘシ凡天下ノ事理ト業トニツア
リ理ハ口ニ云ヘクシテ業ニ施シ難キ事アリ業ニ施シテ理イニ尽サ
サルアリ律管ヲ截スル八精微ノ理ヲ古人論セリ然レド毫釐ニ至テ
人ノ自力ノ及ブヘカラサルアリ業ニテ圓周ヲナス(ケレド理ヲ以テ視レハ必ス
十三万余ノ廃アリ全キ圓ト云ヒ難シ其全カラサルヲ率トセリ数百万
丈ノ圓径圓周ヲハカリテ必差アルベキハ其廃ノ夥算数ノ及ヘキニ非ス
中根元珪ト物子圓率ヲ論シテ決セサリシハ此事ナリト春臺吾亡
友石叔卿ニ語ラレシヲ叔卿ワレニ云シナリ顔師古廃ハ不満之處
ト注セシナリ
○今ノ俗花押ヲ判ト云ハ誤ナリ花押ノ事ハ事物紀原ニ古者書名
破真従草取其便於書記ト見ヘタリ唐ノ世中書舎人六人事ヲ六押
ト云ヒシコモ有リ名ノ字ヲクツシテ書スル故ニ宋ノ王荆公名ハ安石ナルヲ
荆公ノ性急ニテ押字石ノ字圏多圓ナラストニフコモアリ水藩ヨリ刊

図45 『常山楼筆余』 円周率の計算に対する荻生徂徠の批判が巻三に収められている。

物子 荻生徂徠は自らの姓は物部《もののべ》氏であるとして、中国風の一字の姓として、物《ぶつ》茂卿としばしば署名した。

円周をなすべけれども、理を以て視れば必ず十三万余の廃あり。全き円と云ひ難し。其全からざるを率とせり。数百万丈の円径円周をはかりて、必差あるべきは、其廃のおびただしき算数の及べきに非ず。中根元圭と物子円率を論じて決せざりしは此事なりと、春台、吾亡友石叔卿に語られしを、叔卿われに云しなり。顔師古廃は不満之処と注せしなり。

(廃ということを数学者は言いますが、円の中へ正多角形を内接させたときに、その辺によって挟まれた弧と辺で囲まれた部分の一つを廃と言います。数学者は直径が一尺の円周を求めるのに、対角線が一尺の正方形を円に入れ、それを八角形、十六角形、三十二角形、六十四角形と段々に辺の数を増やして、三平方の定理(勾股弦の術)によってこの多角形の辺の長さを求め、その辺の長さに角数をかけて求めています。十三万余角形になると一辺の長さは二糸(0.0002寸)何忽くらいになります。それをすべてあわせて円周は三尺一寸四分余になると言います。

これは技術的には確かに精密ですが、物事のことわり（理）から言えば円周率の計算には尽きない数があります。

天下のことにはすべて物事のことわり（理）と技術の二つがあります。物事のことわりは言葉では表現できるが技術に応用するのは難しい。技術的に完成させられても、物事のことわりの観点から不十分なところがあります。笛の調律に関しては古来精密な理論が論じられてきていますが、穴の位置を毛厘の精密なところまで決めることは目の力ではどうにもできないことです。これと同様に、数学者は技術的に円周を求めていますが、物事のことわりからみれば十三万余の庣がその際に出てきて、真の円とは言えません。それなのにこの不完全な多角形の周の長さをもって円周としています。数百万丈（一丈は十尺）の直径の円の円周をこのように計算しても、その際のおびただしく出てくる庣の処理は数学の及ぶところではありません。中根元圭と荻生徂徠と円周率のことを議論して決着がつかなかったのはこのことですと太宰春台が私の亡き友石叔卿に話されたのを、石叔卿が私に話してくれました。顔師古《がんしこ》は庣は満たないものと注しているそうです。）

太宰春台　一六八〇—一七四七年。江戸中期の儒学者。朱子学を学ぶが、後に荻生徂徠の門に入り、古文辞学へと転向した。徂徠の説を受け継ぎながら、しばしばその説を批判し、『易経』を重んじてすべての事象を陰陽をもって解釈しようとした。

石叔卿　井上蘭台《いのうえらんだい》（一七〇五—六一）のこと。江戸中期の儒学者。名は道熙《みちひろ》。字は叔、子叔。昌平黌にはいり、林鳳岡《ほうこう》門下として林家員長をつとめ、のち岡山藩儒となった。

顔師古　五八一—六四五年。中国、初唐の文献学者。唐の太宗時代、『五経』本文の校定、『隋書』の撰述などに秘書監として参画。またその『漢書』注は後漢代以来の注釈の集大成である。

庛は満たない……　『漢書』律暦志の度量衡の量の説明のところに出てくる一文「其法用銅、方尺而圜其外、旁有庛焉（その法、銅の方尺なるを用い、その外を圜《まる》くし、旁に庛有り）」の注に「師古曰く庛は満たざるの処なり」とある。

円を内接正多角形で近似するとき、どれだけ辺の数を大きくしても円にはならず、わずかな誤差が生じる。だから、和算家の円周率の計算は不完全だというのが荻生徂徠の論点で、それに対して中根元圭は答えることができなかったようである。外接正多角形を考えて、円周の長さを、外接正多角形の周の長さと内接正多角形の周の長さで挟むことによって、円周率を上と下から近似できることを説明したとすると荻生徂徠はどのように反論したであろうか。おそらく、それでもいつまでたっても真の値には到達しないと主張したように思われる。実はそれが円周率の持つ性質であるが、こうした議論が可能になるほどには和算は論理的でなかった。論理的な観点からは紀元前三世紀のアルキメデスに到達していなかったのである。

論理的な考えがそれほど発達しなかった理由の一端は、ソロバンによって精密な計算が可能だったことがあげられる。多くの場合、論理を展開するより速く、計算によって結果の正しさを確認することができたからである。

関孝和と建部賢弘の円周率計算

円周率の計算に関しては関孝和と建部賢弘は時代に先駆けた計算法を創始した。

関孝和は村松茂清の計算をさらに進めて、円に内接する正十三万千七十二角形の

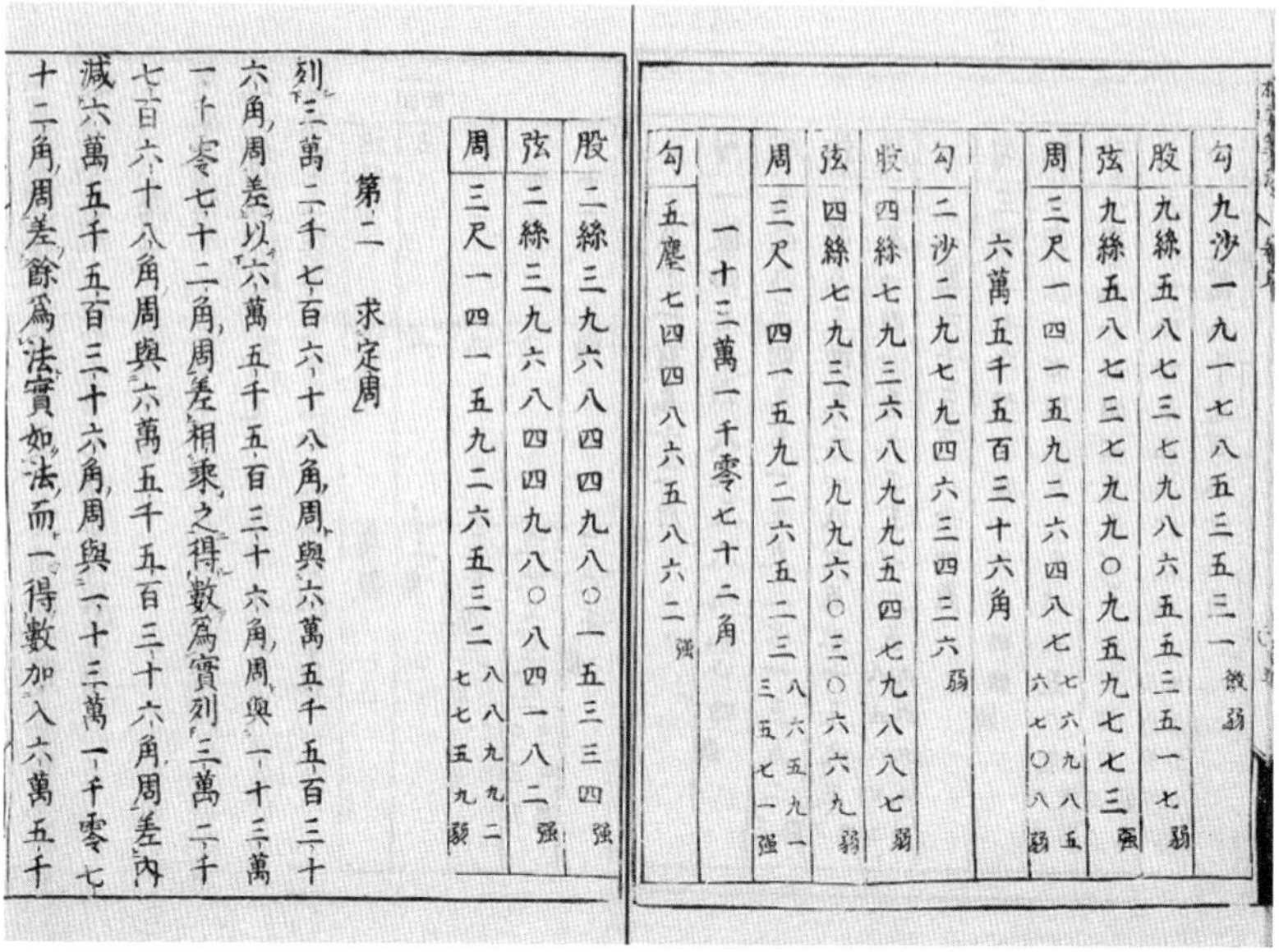

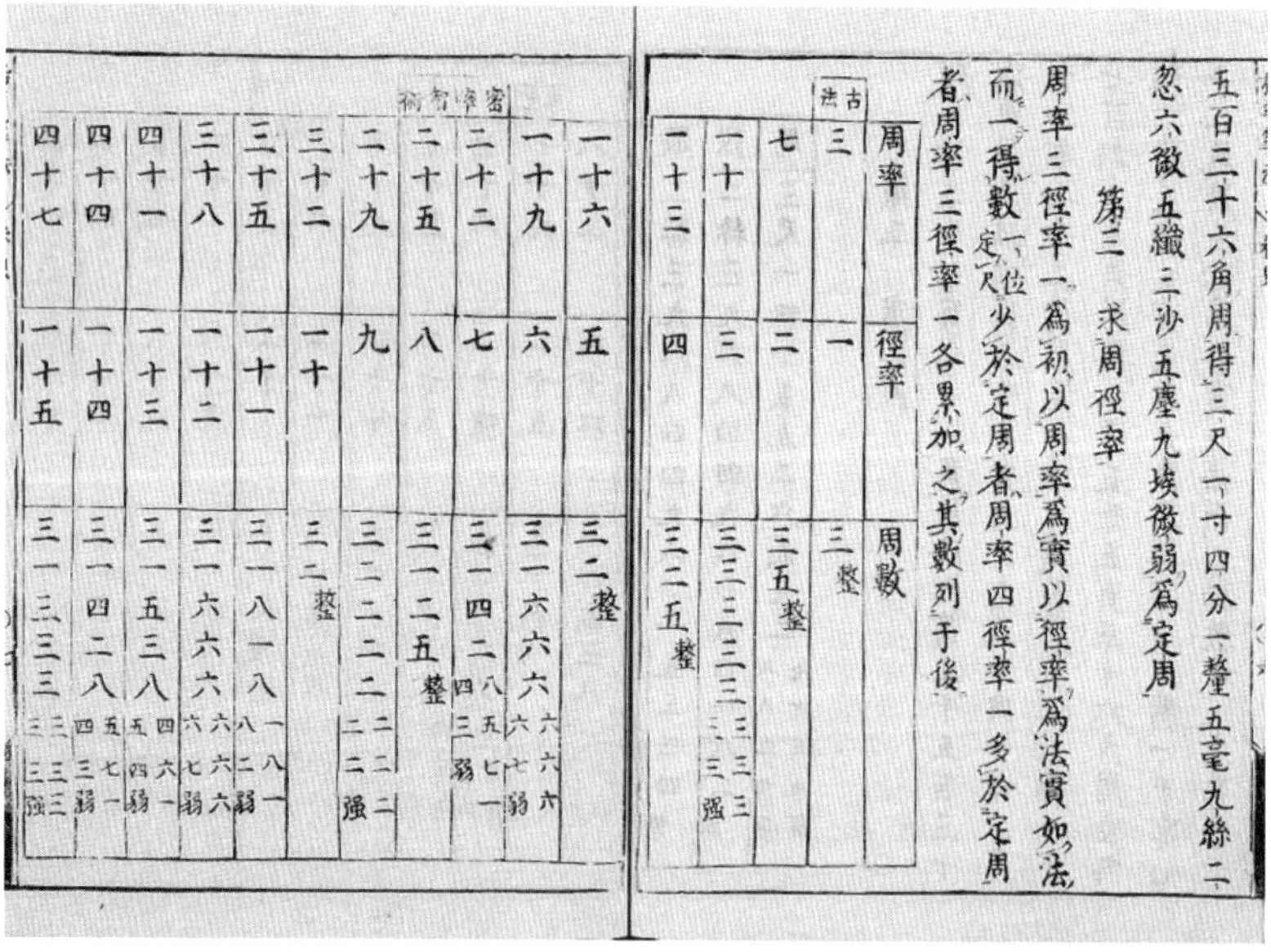

図46 『括要算法』での円周率の計算　直径一尺の円に内接する正十三万千七十二角形の周の長さを計算して三尺一四一五九二六五三二……を得ている。その前の内接正六万五千五百三十六角形の周の長さと比較してもそれほど良い数値が得られていない。次の「定数を求む」の節で、エイトケン加速法による計算が記されており、円周率として末尾の数を四捨五入して3.14159265359弱と小数点以下10桁まで正確な値を与えている。

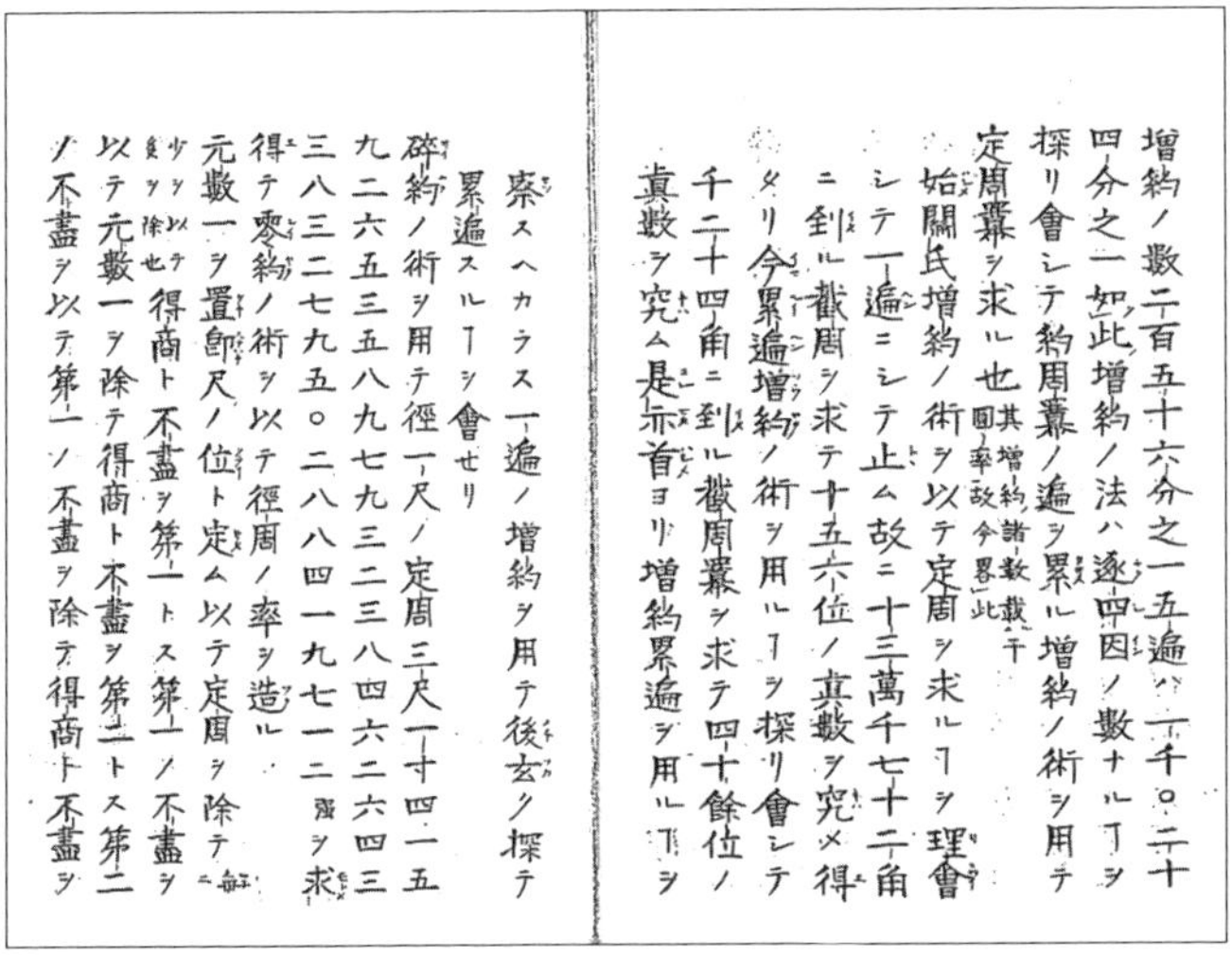
増約ノ數二百五十六分之一五遍ハ一千〇二十
四分之一如此増約ノ法ハ逐ニ四因ノ數ナルコヲ
採リ會シテ約周冪ノ遍ヲ累ル増約ノ術ヲ用テ
定周冪ヲ求ル也
始關氏増約ノ術ヲ以テ定周ヲ求ルコヲ理會
シテ一遍ニシテ止ム故ニ十三萬千七十二角
ニ到ル截周ヲ求テ十五六位ノ真數ヲ究メ得
タリ今累遍増約ノ術ヲ用ルコヲ採リ會シテ
千二十四角ニ到ル截周冪ヲ求テ四十餘位ノ
真數ヲ究ム是ヲ示ス首ヨリ増約累遍ヲ用ルコヲ
察スヘカラス一遍ノ増約ヲ用テ後玄ク探テ
累遍スルコヲ會セリ
砕約ノ術ヲ用テ徑一尺ノ定周三尺一寸四一五
九二六五三五八九七九三二三八四六二六四三
三八三二七九五〇二八八四一九七一二ヲ求
得テ零約ノ術ヲ以テ徑周ノ率ヲ造ル
元數一ヲ置郎尺ノ位ト定ム以テ定周ヲ除テ
得商ト不盡ヲ第一トス第一ノ不盡ヲ
以テ元數一ヲ除テ得商ト不盡ヲ第二トス第二
ノ不盡ヲ以テ第一ノ不盡ヲ除テ得商ト不盡ヲ

図47 『綴術算経』での円周率の計算　直径一尺の円に内接する正方形、正八角形、正十六角形……正千二十四角形の周の長さの計算結果から、小数点以下40桁以上の正確な円周率の数値を求めている。

周の長さを計算して、小数点以下六桁まで正確な円周率を得たが、それに今日、数値計算でエイトケン加速法と呼ばれる方法（関孝和は増約の法と呼んだ）を適用して、円周率として3.14159265358…を得ている（図46）。後の建部賢弘が指摘しているように、関の方法で小数点以下十七桁まで正確な数値を得ることができる。

建部賢弘は関孝和の方法をさらに精密化して、今日、数値計算でロンバーグ法と呼ばれる方法（建部賢弘は累遍増約の術と呼んでいる）を発見して、円に内接する正千二十四角形の周の長さの計算結果から小数点以下四十七桁まで正確な数値を見出している（図47）。エイトケン法もロンバーグ法も二十世紀になって数値計算で使われるようになった方法で、関孝和や建部賢弘の先進性が遺憾なく発揮されている。ただ、二人とも、彼らの方法が何故精密な数値を与えるかの論理的な説明をすることはなかった。ここに、和算の限界があったとも言える。

五▼庶民に拡がった和算

江戸中期から末期にかけては多くの和算家が輩出したが、関孝和の数学を受け継いで数学の一般論を構築する和算家はついに登場しなかった。もちろん、関孝和の数学の中身は次第に消化されて、多くの和算家が理解できるようになった。

しかしながら、和算はもう一つの重要な側面を持っていた。それは多くの庶民が数学に興味をもって数学を学んだという不思議な、世界の文化史上類を見ない現象である。それには二つの要素があった。一つは江戸幕府の幕藩体制が農村部の自治を前提に成り立っていたことである。例えば年貢の請求は村の庄屋あるいは名主のところに藩からくるが、その後の各戸への割り当ては庄屋、名主の仕事であった。このことは、村の有力者は数学的な知識も必要とされたことを意味する。いま一つは、数学の塾は数学の愛好家の集まりとして身分制度、男女の別を超えた自由な空間を作っていた。そうした自由な空間に魅力を感じた多くの庶民がいたことも事実である。こうした多くのアマチュア数学者は江戸末期になると関孝和の理論を使って問題を解くことができるようになっていった（図48）。

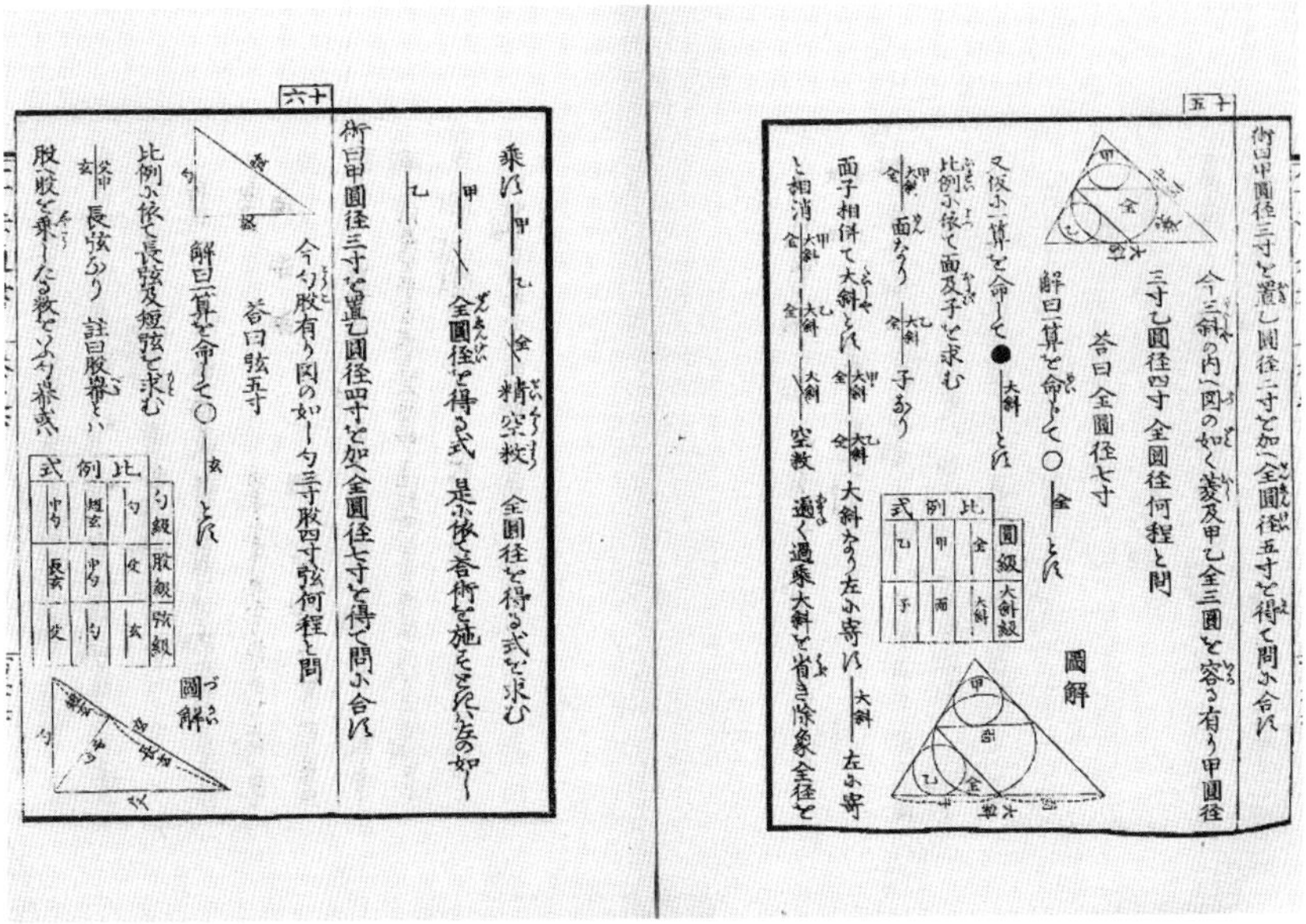

図48 『算法通書』 関孝和が創始した傍書法を使って問題を解いている。ひらがなが使われており、庶民のための数学書であったことが分かる。嘉永7年（1854）、数学道場刊。

『吉茂遺訓』

江戸後期になると数学の需要に応じて、数学を教えに村にやってくる数学者が登場するようになる。明治六年（一八七三）に書かれた『吉茂遺訓』のなかに、江戸末期の村の様子がいきいきと描かれている。著者の田村吉茂は現在の栃木県の下野国河内郡下蒲生村出身の篤農家で、『農業自得』『農家肝用記』『農業根元記』などの農業関係の著作を残している。

　私は寛政二年（一七九〇）十月十日の生まれである。成長するにおよんで、貧しいながらも親は私の将来を考え、手習いをさせるために寺子屋へいくように、いい聞かせた。しかし、生まれつき手習いはきらいであったから、返事もしないでただ黙っていた。そこで、親もしかたなく家で習わせようといったが、それさえもしたくなかったのである。あるとき母から「お前のような手習いのきらいな者は、こじきになるほかはない」と叱られたことがある。

［中略］

ところで、ちょうど十八才になった年の暮に、村内に住む祖父と叔父から「今度算術の先生が村へ来て若者に算術を教えるらしいが、お前も習ったらどうか。費用はこちらで出してやろう」と説得された。そのとき私はこういって断った。「たいへんありがたいお話しですが、私はこの年まで手習いもしないで過ごしてきましたので、今、四十日くらい算術の稽古をしても、とてもそれを理解することはできないと思います。師について学びながら理解することができないのではかえって恥をかくことになりますから、ご親切に背くのは非常に心苦しいのですが、どうかお許し下さい」。これには祖父も叔父も「もっともなことだ」と納得された。以後は全く無筆無算の免状をもらったも同然で、農業にのみ精励してきた。

（『吉茂遺訓』▲）

▲『吉茂遺訓』現代語訳は、泉雅博訳。『日本農書全集』第二一巻（農文協、一九八一年）二一一―一二頁。

さらに『吉茂遺訓』の後半部に興味ある文章がある。

身を持ちくずす原因となるものは大酒を飲むこと、色狂い、賭事の三つだと一般に考えられているが、これは世間のだれもが知る大道楽の類であって、ほかにも小道楽の類が数えきれないほどあり、それによって貧乏する者も多い。そこで、小道楽を好む者について少し記しておく。すなわち、生半可な学を鼻にかける者、同じく生半可の数学者、訴訟を好む者、理屈屋、芸事を好む者、庭いじりと植木好き、釣りや狩猟を好む者、家の改築が好きな者、道具にこる者、朝寝坊、夜ふかしの好きな者、見えっぱりなどである。小道楽はこのほかにも数えきれないほどあるのだが、よく気をつけて自分の好きなことを慎むようにすれば、小道楽によって貧乏になることはない。

（同前、二二五頁）

「生半可の数学者」と訳されている原文は「生《な》ま算法者」となっている。農村部にも数学狂いが多かったことをこの文章は示している。

遊歴和算家

以上のような農村部の状況を知れば、実際に数学を教えながら旅をする和算家が出現するのも自然な流れと納得できよう。旅をしながら数学を教え歩いた和算家を遊歴和算家と称する。遊歴和算家として特に有名なのが山口和《かず》（一七八一頃―一八五〇）、法道寺善《ほうどうじぜん》（一八二〇―六八）、剣持章行《あきゆき》（一七九〇―一八七一）である。

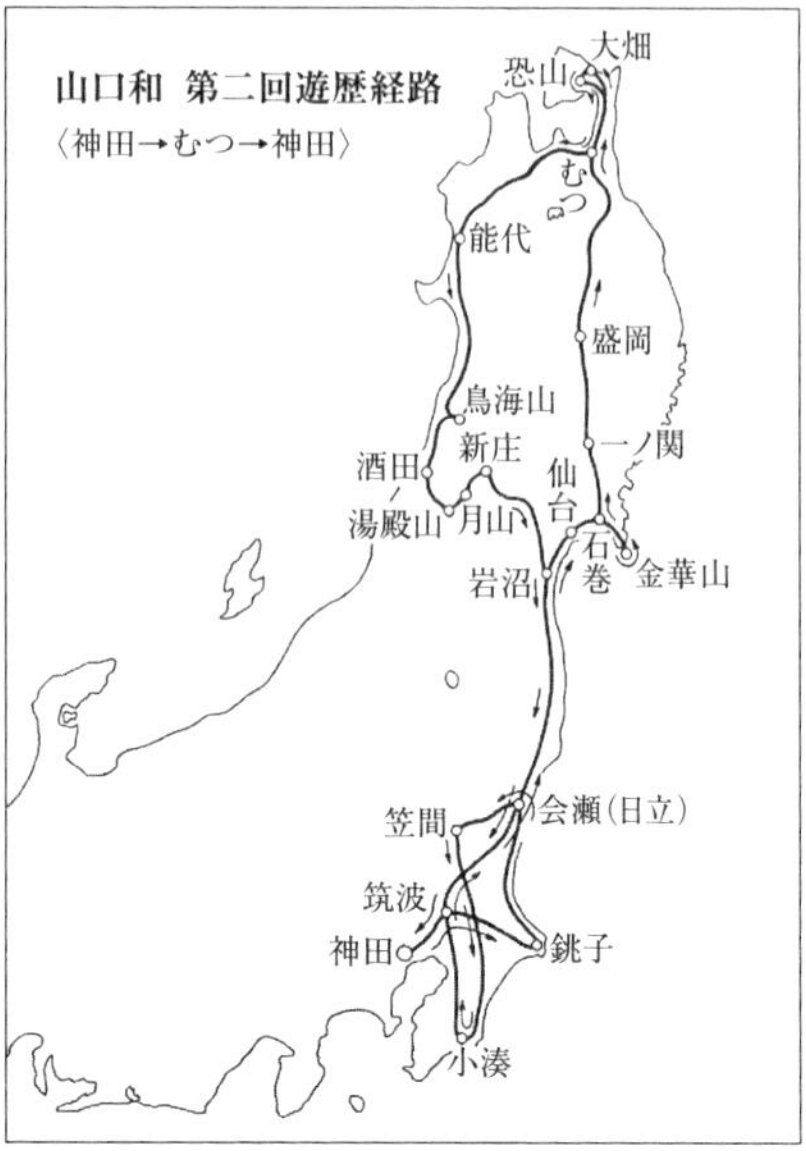

図49　山口和の第２回遊歴経路図（1817年10月4日～19年9月25日）佐藤健一『和算家の旅日記』（時事通信社、1988年）75頁図をもとに作成。

山口和は越後の水原（現在の阿賀野市水原）出身で、長谷川寛《ひろし》の数学道場で活躍した。法道寺善は広島の出身で、江戸に出て関流の内田五観《いつみ》の塾で学んだ。内田五観は数学を関流五伝の日下誠に学び、蘭学を高野長英に学んだ。その関係で内田は自分の塾を瑪得瑪弟加《まてまちか》塾と名づけた。剣持章行は群馬県の出身で、小野栄重に学び、後に内田五観に学んだ。

　山口和は旅の様子を『道中日記』に記し、そのなかには各地の算額の記録と俳句の句碑の記録が丁寧に記されている。

　優れた遊歴和算家は、地方の優れた人材の発掘にも寄与した。たとえば、山口和が東北地方を旅したときに（図49）、松島の近くで千葉胤秀《たねひで》に出会い、千葉は山口和の数学力に驚き弟子入りしている。千葉は安永四年（一七七五）、現在の一関市花泉町に農民の子として生まれ、一関藩の家老であった梶山次俊に関流の数学を学んでいる。家老の梶山の塾では身分に関係なく数学を教えていた。数学に優れた才能を発揮した千葉は、山口和と出会ったときには、仙台を中心にして三千人以上の弟子をもっていた。それにもかかわらず、千葉は山口の弟子となって、

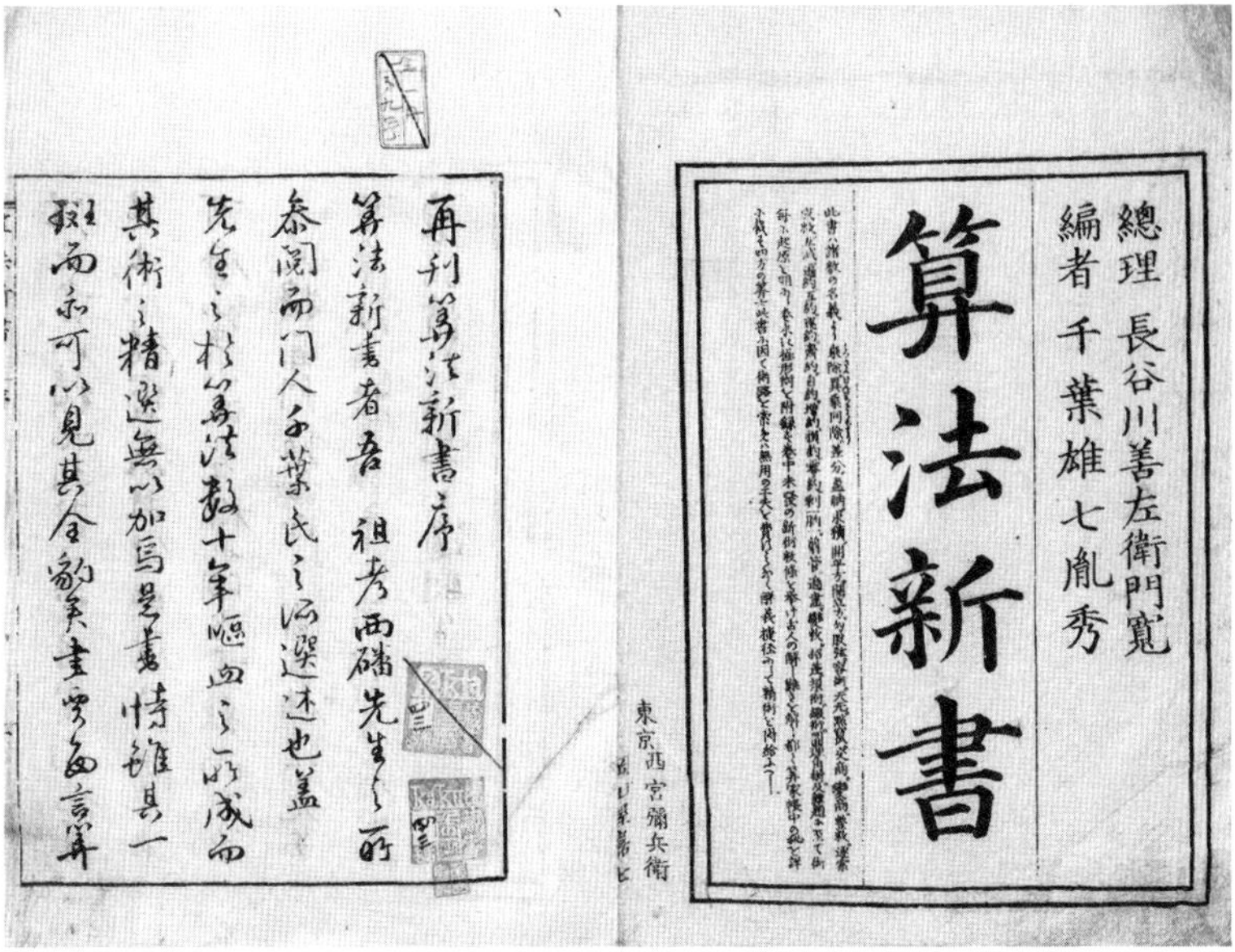

図50 『算法新書』 千葉胤秀が編集にかかわり、数学道場が出版した。ベストセラーとなり明治時代になっても復刻された。

さらに数学を学ぶことを望み、山口和も千葉の才能を見抜き、江戸で長谷川寛が主宰する数学道場に行くように勧めた。その後間もなくして、千葉は長谷川の数学道場の門をくぐり、たちまちのうちに数学の才能を認められ、数学道場の中心人物の一人になった（図50）。

この例でも分かるように、和算の場合の流派や塾は数学を学ぶための組織であった面が大きく、新しい数学を学ぶために別の流派の塾に入門することも普通に行われていたようである。これは、俳諧などの流派とは少し事情が異なる。文政十一年（一八二八）、千葉胤秀は一関藩より士籍に取り立てられ、藩の算術指南となった。

剣持章行も旅の途中での出納記録を兼ねた日記を残しており、たいへん興味深い（大竹茂雄編『和算家剣持章行の遊歴日記』、群馬県文化事業振興会、二〇一三年）。剣持章行は主として関東地方を遊歴したが、その出納

記録から、地方の豪農の子弟にも数学を教えていたことが分かる。そのなかには女子も含まれており、私たちが考える以上に江戸時代の教育は進んでいたことが分かる。剣持章行は教授料の詳細まで残している。

算額

江戸時代の和算で忘れてならないのは算額である。現存する最古の算額は天和三年（一六八三）に掲げられた栃木県佐野市星宮神社の算額であるが、火事に遭って黒焦げの状態で残っている。村瀬義益《よします》が著した数学書『算学淵底記』には、十七世紀中頃には江戸の神社に算額が盛んに奉納されるようになったことが記されている。全国的に算額が奉納されるようになったのは十八世紀以降である。算額は絵馬の一種であり、通常、問題と答えと簡単な解法を記し、さらにきれいな絵が添えられるのが一般的であった。自分たちで難しい問題を作り、それを解くことができたときに算額が作られることが多かった。算額は参拝者の目に触れるように神社や寺院に掲げられたので、山口和のように数学に興味を持つ愛好家たちは算額を見て、ときには解法の間違いを見つけ、あるときはさらに難しい問題に一般化できることを見つけ、それを算額として掲げ

図51　大垣市明星輪寺の算額　問題３は河合沢女16歳、問題６は奥田津女、問題10は田辺重利15歳によって作られている。

ることもあった。こうして、算額は単に奉納者の自己満足に終わるのでなく、今日の学術誌の役割も果たしていた。江戸末期になると、前掲図1の算額のように塾の宣伝にも使われた。

図51の大垣市明星輪寺の算額は塾の門人たちの問題を集めて掲げたものであるが、問題三は河合沢女十六歳、問題六は奥田津女、問題十は田辺重利十五歳によって作られており、若者も女性も塾で活躍している様子を算額として掲げて、塾の宣伝も兼ねていることが推測される。この算額に限らず、女性が数学塾で学んでいた記録がいくつか残されている。塾内では江戸時代の身分制度を超え、男女の区別も超えて、真に数学愛好家の集まりであったことが推測される。そこでは、年齢に関係なく、数学の実力がものを言う世界であった。そうした世界に入ることは、現実の社会とは別の空間に遊ぶことを意味し、そういう自由な空間があったことが、江戸時代に数学が盛んになった理由の一つであったと考えられる。

現存する江戸時代の算額は風化が進んでおり、レプリカを作製して保存することが望まれている。また、デジタル化して保存することも早急に行う必要がある。

おわりに——和算から洋算へ

このように興隆した和算であったが、江戸末期になるとその限界が意識されるようになってきた。それは軍事面での応用に、和算では十分に対応できないという現実であった。二百五十年続いた江戸時代の平和は、和算が戦争に目を向ける必要を生じさせなかった。一方、三十年戦争などの戦乱が続いたヨーロッパでは、大砲の弾道の計算が注目を浴び、そのなかからガリレオ・ガリレイの落体の研究や座標概念の誕生があり、最終的に微積分学の構築に至った。新しい数学の生まれる必然性の一端は戦争にあったと言える。

安政二年（一八五五）に江戸幕府は長崎に、海軍士官の養成のために長崎海軍伝習所を開き、オランダ人教師の講義を受けさせた。講義のなかには数学も含まれ、数学道場出身の小野友五郎▲は、西洋数学の中国語訳も参照しながら、微積分をマスターしたことが知られている。

江戸時代の和算の興隆は多くの数学愛好家が高度の数学を身につけていたことを意味する。そのために西洋数学を輸入する必要が出てきたときに、代数学に関しては記号を変えるだけで十分であった。こうした事情が、明治時代の西洋の科

小野友五郎　一八一七—九八年。笠間藩士。江戸の長谷川道場で和算を学び、江戸幕府天文方出仕となり、江川英龍に砲術やオランダ語を学ぶ。老中阿部正弘の命で海軍伝習所に入学し、終了後江戸に戻り軍艦操練所教授方となった。咸臨丸で測量兼運用方として艦長の勝海舟を補佐して渡米した。小野友五郎を主人公にした小説、鳴海風『怒濤逆巻くも——幕末の数学者小野友五郎』上下（新人物往来社、二〇〇三年）がある。

学技術の輸入に際して大きな力を発揮した。福山藩士であった佐藤則義《のりよし》（一八二〇―九六）は関流の数学を学び、福山藩の藩校で和算を教え、また江戸湾の測量にも従事している。彼が西洋数学を学んだときのノートが残されている（図52）。それを見ると、記号は全く異なるが、数学的な内容は同じことが分かり、西洋数学を学ぶことはそれほど困難でなかったことが分かる。

明治五年（一八七二）、明治政府は学制を公布し小学校の数学は西洋数学に基づき、筆算を使うことになった。教科書も各地方で準備する必要があったが、これに対応したのは地方の和算家であった。短期間のうちに西洋数学に基づく小学校の数学の教科書が各地で編纂された。上述した佐藤則義も教科書作りに参加している。また、明治六年の地租改正で土地の測量が必要になったときに、地方で測量を行ったのも和算家であった。和算が広く普及していたことが、西洋数学を受け入れる素地になっただけでなく、和算家は必ず測量術も学んだので、実用上でも重要な働きをしたことが分かる。

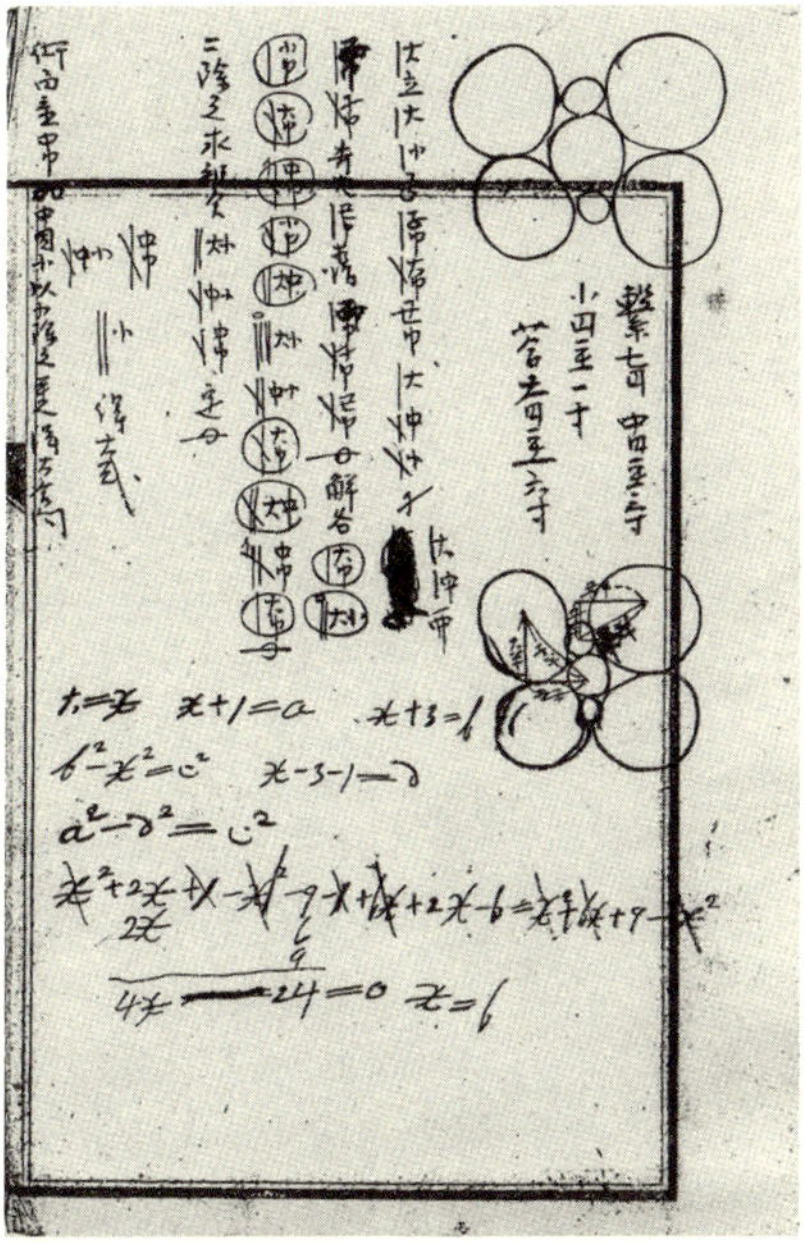

図52　佐藤則義のノートの一頁　上の方に和算の記号を使った方程式が、下の方には私たちが今日使う形の方程式が記されている。両者は本質的に同じである（京都大学附属図書館蔵）。

このように、和算は学校教育から切り離され、そのこともあり次第に衰退していった。しかしながら、理論を理解するよりは難問を解くことを好む和算の風習は根強く残り、今なお形を変えて受験数学のなかに生き残っている。これは和算が残した負の遺産である。

あとがき

本書は二〇一五年七月二十五日、日本学術会議で開かれた公開シンポジウム「日本語の歴史的典籍データベースが切り拓く研究の未来」で、「和算資料が示唆する数学の将来」と題して講演した内容を敷衍《ふえん》したものである。

江戸時代に日本で独自に発展した和算の資料は、日本各地に大量に残されているにもかかわらず、これまで数学史家以外の目を引くことはなかった。内容が数学ということで、敬して遠ざけられてきた。しかし、膨大な資料からは多くの情報を得ることができる。専門書の多くは漢文で書かれ、何代にもわたって書写されてきているが、返り点や送り仮名に時代の変化や地域の差異を見ることができ、書写された年代が分かる例も多く、変化の状況を年代的に追うことも可能である。また『大成算経』のような大部の著作の写本からは、これまであまり知られていない異体字を見ることができる。さらには、数学用語ということであろうか、漢和辞典にはほとんど採用されていないか、表面的な説明しかされていない用語が多数見出される。例えば、「通分」という小学校以来よく知られた用語が、古代中国では今より広い意味で使われていたことは、諸橋轍次の『大漢和辞典』にも全く言及されていない。これは「通分内子」という形で関流の数学でも使われているが、この用語も漢和辞典には採用されていない。こうした事態は、国文学研究資料館「日本語の歴史的典籍の国際共同研究ネットワーク構築計画」で改善されることを期待したい。

ところで、話を数学に戻せば、近世ヨーロッパの数学は戦争と密接に関係して発展してきた。一方、約二百五十年間平和が続いた江戸時代の数学は戦争とは一切関係なく、庶民の楽しみとしてのあり方が大きな位置を占めていた。軍事面で、江戸末期から明治時代に西洋数学が必要とされたが、科学の軍事利用が重大な問題となっている現在、江戸時代の和算のあり方は、絶えざる進歩を強調し、軍事技術と結びつきを強める現代科学とは全く違う形の学問があり得たことを示す貴重な例となっている。そのことはもっと注目されるべきことと思われる。

しかし、その一方で、江戸時代の和算は、関孝和による偉大な飛躍の後はそれほど大きな進展はなかった。戦争と関係しなかったことによって、変化を記述する数学を必要としなかったことがその大きな原因と考えられる。もっとも、あと五十年平和な時代が続いていたら、和算は大きな進歩をしたと思わせるまでに、次の飛躍への準備は進んでいた。それが幕末の混乱で実現しなかったことは、和算にとっても、今日の学問にとっても残念なことであった。

このように和算資料は実に多方面に興味ある問題を提供している。本書がそのための入門書となることを希望している。

二〇一七年五月十五日

上野健爾

図39　山口和『道中日記』　佐藤健一『和算家の旅日記』（時事通信社、1988年）より転載

図40　『神壁算法』　東北大学附属図書館蔵

図41　『算法千里独行』　個人蔵

図44　『算俎』　東北大学附属図書館蔵

図45　『常山楼筆余』　酒田市立光丘文庫蔵　国文学研究資料館提供

図46　『括要算法』　京都大学理学研究科数学教室図書室蔵

図48　『算法通書』　個人蔵

図49　山口和第２回経路図　佐藤健一『和算家の旅日記』（時事通信社、1988年）掲載図をもとに作成

図50　『算法新書』　個人蔵

図51　算額　大垣市明星輪寺蔵

図52　佐藤則義ノート　京都大学附属図書館蔵

掲載図版一覧

図1　算額（文久元年）岡山市惣爪八幡宮蔵
図2　算木での数の表し方　個人蔵
図3・4　『万葉集』国文学研究資料館蔵
図5　『令義解』もりおか歴史文化館蔵　国文学研究資料館提供
図6　『日本国見在書目録』国会図書館蔵
図7　『口遊』国会図書館蔵
図8　奈良絵本『たなばた』京都大学文学研究科蔵
図9　『算法統宗』東北大学附属図書館蔵
図10　中国ソロバン　個人蔵
図11　日本ソロバン　個人蔵
図12　『割算書』東北大学附属図書館蔵
図13・18〜20・43　『塵劫記』寛永11年版、三巻四十八条本　東北大学附属図書館蔵
図14　『塵劫記』寛永11年版、四巻六十三条本　東北大学附属図書館蔵
図15・16　『塵劫記』寛永8年版、三巻四十八条本　東北大学附属図書館蔵
図17　『改算記綱目』東北大学附属図書館蔵
図21　『ぢんかう記』個人蔵
図22　『新篇塵劫記』三巻本、寛永18年版　東北大学附属図書館蔵
図23　『改算記』東北大学附属図書館蔵
図24　『算法闕疑抄』東北大学附属図書館蔵
図25・26　『算学啓蒙』銅活字版　筑波大学附属図書館蔵
図27・28　『古今算法記』東北大学附属図書館蔵
図29　朝鮮再刻『楊輝算法』筑波大学附属図書館蔵
図30・31　関孝和編『楊輝算法』藪内清旧蔵（現在所在不明、コピー個人蔵）
図32・33　『発微算法』東北大学附属図書館蔵
図34・36・37　『発微算法演段諺解』京都大学理学研究科数学教室図書室蔵
図35　「解伏題之法」東北大学附属図書館蔵
図38・47　『綴術算経』国立公文書館蔵

上野健爾（うえのけんじ）
1945年、熊本市生まれ。東京大学大学院理学系研究科修士課程修了。現在、四日市大学関孝和数学研究所長。京都大学名誉教授。専攻、数学（複素数多様体論）。著書に、『誰が数学嫌いにしたのか』（日本評論社、2001年）、『代数幾何』（岩波書店、2005年）、『数学の視点』（東京図書、2010年）、『円周率が歩んだ道』（岩波現代全書、2013年）などがある。

ブックレット〈書物をひらく〉7

和算への誘《いざな》い——数学を楽しんだ江戸時代

2017年7月21日　初版第1刷発行

著者　上野健爾
発行者　下中美都
発行所　株式会社平凡社
〒101-0051　東京都千代田区神田神保町3-29
電話　03-3230-6580（編集）
03-3230-6573（営業）
振替　00180-0-29639
装丁　中山銀士
DTP　中山デザイン事務所（金子暁仁）
印刷　株式会社東京印書館
製本　大口製本印刷株式会社

ISBN978-4-582-36447-7
NDC分類番号419.1　A5判（21.0cm）　総ページ92

平凡社ホームページ　http://www.heibonsha.co.jp/

発刊の辞

書物は、開かれるのを待っている。書物とは過去知の宝蔵である。古い書物は、現代に生きる読者が、その宝蔵を押し開いて、あらためてその宝を発見し、取り出し、活用するのを待っている。過去の知であるだけではなく、いまを生きるものの知恵として開かれることを待っているのである。

そのための手引きをひろく読者に届けたい。手引きをしてくれるのは、古い書物を研究する人々である。

これまで、近代以前の書物――古典籍を研究に活用してきたのは、文学・歴史学など、人文系の限られた分野にほぼ限定されていた。くずし字で書かれた古典籍を読める人材や、古典籍を求め、扱う上で必要な情報が、人文系に偏っていたからである。しかし急激に進んだＩＴ化により、研究をめぐる状況も一変した。現物に触れずとも、画像をインターネット上で見て、そこから情報を得ることができるようになった。

これまで、限られた対象にしか開かれていなかった古典籍を、撮影して画像データベースを構築し、インターネット上で公開する。そして、古典籍を研究資源として活用したあらたな研究を国内外の研究者と共同で行い、新しい知見を発信する。これが、国文学研究資料館が平成二十六年より取り組んでいる、「日本語の歴史的典籍の国際共同研究ネットワーク構築計画」（歴史的典籍ＮＷ事業）である。そしてこの歴史的典籍ＮＷ事業の多くのプロジェクトから、日々、さまざまな研究成果が生まれている。

このブックレットは、そうした研究成果を発信する。「書物をひらく」というシリーズ名には、本を開いて過去の知をあらたに求める、という意味と、書物によるあらたな研究が拓かれてゆくという二つの意味をこめている。開かれた書物が、新しい問題を提起し、新しい思索をひらいてゆくことを願う。